概率思维

——是概率，还是运气？

孙惟微　著

中国華僑出版社
·北京·

图书在版编目（CIP）数据

概率思维：是概率，还是运气？/ 孙惟微著 .—
北京：中国华侨出版社，2021.6（2023.3 重印）
ISBN 978-7-5113-8366-2

Ⅰ.①概… Ⅱ.①孙… Ⅲ.①成功心理—通俗读物
Ⅳ.① B848.4-49

中国版本图书馆 CIP 数据核字（2020）第 216302 号

概率思维：是概率，还是运气？

著　　者：孙惟微
责任编辑：李胜佳
封面设计：冬　凡
文字编辑：刘朝慧
美术编辑：李丝雨
经　　销：新华书店
开　　本：880mm × 1230mm　1/32 开　印张：7　字数：120 千字
印　　刷：三河市华成印务有限公司
版　　次：2021 年 6 月第 1 版
印　　次：2023 年 3 月第 2 次印刷
书　　号：ISBN 978-7-5113-8366-2
定　　价：35.00 元

中国华侨出版社　北京市朝阳区西坝河东里 77 号楼底商 5 号　邮编：100028
发 行 部：（010）88893001　　传　　真：（010）62707370

幸运，更青睐具备概率思维的人（代序）

傻瓜认为自己是特殊的，别人都是普遍的；聪明人认为自己是普遍的，别人都是特殊的。

——纳西姆·塔勒布

19 世纪法国著名数学家拉普拉斯曾说：“对于生活中的大部分，最重要的问题实际上只是概率问题。”

所谓概率，就是对不确定事件发生的可能性的度量。概率是一个在 0 到 1 之间的实数。所以，概率思维是从数学的角度考虑问题的方法论。

事实上，概率思维已经渗透到现代生活的方方面面。

天气预报的准确度，医院化验单的可信度，该不该买某种商业保险……

概率思维已经成为一种现代人必备的方法论。

人类本来就生活在一个不确定的世界里，科技和经济的发展，让这种不确定性更加突出。

著名的证券投机商沃伦·巴菲特认为，投资不需要高等数学，只需要小学算术即可。但是，巴菲特又不得不承认："用亏损的概率乘以可能亏损的金额，再用盈利的概率乘以可能盈利的金额，最后用后者减去前者。这就是我们一直试图做的算法。这种算法并不完美，但事情就是这么简单。"

概率思维，是这个时代幸运者的思维法则。

《射雕英雄传》是金庸创作于20世纪50年代的一部武侠小说，其主人公郭靖是一个勤奋朴实的英雄。那时的香港正处于一个工业化的时代，那时的李嘉诚还正在香港努力创办塑胶花工厂和长江实业。郭靖的性格，也最能获得那时香港工薪阶层的共鸣：只要好好工作，就能成功。

金庸的封笔之作《鹿鼎记》，完成于20世纪70年代，其主人公韦小宝则是一位"反英雄"。

因为那的香港，已经进入一个"脱'实'向'虚'"的金融化时代。实体时代那种"只要努力就有收获"的信条已经开始在现实中遭到挫折。所以，福大命大、一路开挂的韦小宝，反而也能获得很多人的喜欢。

其实，概率，只是运气的客观表述；运气，则是概率的情绪化说法。

一个具备概率思维的人，和一个懵懂的人，短期来看，优势并不明显。但是，如果用微弱的优势，乘以一个很长的时间跨度，很可能是前者的成果更为丰硕，这就是概率的力量。

幸运，更青睐具备概率思维的人。

目 录

第 1 章

病毒检测的准确率

以检测病毒为例，试剂盒应用的准确率并非百分之百，甚至会与大众预期的结果相去甚远，所以，在实践中还要辅以其他检测方法。这当中，其实有一种指导方法，就是“贝叶斯方法”。

信贝爷，得永生

这里说的“贝爷”，不是《荒野求生》里吃虫子那位贝爷，而是已经作古二百多年的老牧师，名叫贝叶斯。他去世后遗留在抽屉里一份未发表的关于概率的论文，对现有的概率论体系产生了巨大冲击。很多我们自以为科学的发现，用贝爷的理论去检验，就经不住推敲。贝叶斯的方法，已经成为当前最前沿科技所采用的法宝。

1966 年，美国的一架轰炸机在西班牙上空进行空中加油时和加油机发生碰撞，导致轰炸机和加油机均起火坠毁。更严重的是，当时轰炸机上带着一枚氢弹，如果这颗氢弹发生意外爆炸，后果不堪设想。

美国立刻从国内调集了包括多位专家在内的搜索部队前往现场，搜寻那颗氢弹。但是残骸散落的范围非常大，没人知道当时氢弹是如何储存在轰炸机上的，也不知道氢弹是怎么从轰炸机上脱离的。此外，还要考虑氢弹上的两个降落伞各自打开的概率是多少，当时的风速和风向是怎样的，氢弹落到地上之后有没有可能被埋到土里，等等。

因此，搜索队一时束手无策，不知道从何处搜起。

最后，在这批专家中，有一位数学家提出了自己的搜寻方案。

他先把整个残骸散落的区域划分成很多小方格，然后召集了各方面的专家。这些专家都有自己擅长的领域，他们有的比较了解轰炸机的结构，有的是氢弹专家，有的是流体力学家，有的是专门研究爆炸动力学的……这位数学家要他们每人做出自己的假设，想象出各种可能出现的情境，然后在各种情境下，估计氢弹落在各个小方格里的概率。这些专家各自的估计结果被综合到一起加权平均后，就得到了一张氢弹可能着地位置的概率图——每一个小方格都有不同的概率值。

然后，搜索队根据这张概率图开始搜寻。他们从概率最高的格子开始搜寻，一个格子搜寻完后，剩下格子的概率值就会进行更新，接着搜寻其中概率值最高的格子。然后，氢弹很快就找到了。

这个方法最初是由一位牧师提出的。英国长老会牧师兼数学家的贝叶斯创立了这个最终以他的名字命名的公式。

贝叶斯方法

贝叶斯，全名为托马斯·贝叶斯（Thomas Bayes，1701—1761），是一位与牛顿同时代的牧师，也是一位业余数学家，平时就思考些有关上帝的事情。统计学家都认为概率这个东西就是上帝在掷骰子。

贝叶斯是一位受人尊敬的英格兰长老会牧师，同时也是英国皇家学会会员。他相信神是完美的，这世界上之所以还有邪恶和苦难，是因为人类对自然和宇宙的了解还不够，所以我们要不断探索宇宙的规律。业余时间里，他喜欢研究一些逻辑和概率方面的问题。当时，人们对概率的认识还十分肤浅，如何理解“逆概率”尚无定论，这引起了贝叶斯的兴趣。

常见的概率问题往往是这样的：已知袋子里有5个红球、8个蓝球，闭上眼睛拿出一个，拿到红球的概率是多少？这是“正概率”问题。“逆概率”问题与之相反：袋子里有很多红球和蓝球，从中随意拿出5个，发现3个是蓝球、2个是红球，那么袋子里红球和蓝球的比例可能是怎样的?

贝叶斯利用业余时间对“逆概率”问题做了很多研究，并撰文记录下了自己的研究成果。可惜贝叶斯提出的理论与当时的主流统计观点相左，他的研究成果因此遭到了冷落。贝叶斯死后两年，他的好友理查德·普莱斯将他的文章寄给了英国皇家学会，这篇贝叶斯定理的开山之作方才公之于众。

贝叶斯撰写的文章是《机会问题的解法》，文章表达清晰明确，将“逆概率”问题以点、线、面的方式直观地呈现出来，并在解答过程中提出了贝叶斯公式。

更让人钦佩的是，文章中有关概率的表述十分准确，却没有使用任何与概率相关的数学表达式，对一个“业余”的数学爱好者来说实属不易。

后来，法国数学家拉普拉斯把贝叶斯定理总结为一个简洁的数学表达式，从此贝叶斯定理被人们接受，并得到了广泛的应用。

贝叶斯发现了古典统计学当中的一些缺点，从而提出了自己的“贝叶斯统计学”，但由于贝叶斯统计当中引入了一个主观因素（先验概率），一点儿都不被当时的人认可。贝叶斯的研究结果已经成为概率理论中最具争议的理论，它极其简单，也极其倚重直觉，以至于人们常常忘却其惊人的力量。

这种统计性的推测方法，被称为“贝叶斯派”方法。在这里，不妨把进行贝叶斯派统计性推断的统计学叫作“贝叶斯统计学”。

贝叶斯统计学将未知参数视作随机变量，并提出了这种随机变量所服从的“先验分布”。然后，根据先验分布得到的观测值来更新未知参数所服从的分布。更新后的分布叫作“后验分布”。因为每次更新分布都会使用贝叶斯定理，因此这种做法也被称作“贝叶斯派”。

贝叶斯统计学在统计学领域中，很长一段时间都被视作异端。这种观点一直持续到最近，几乎可以说是快到20世纪末期。但在21世纪的现在，虽然不能说争论（或者说打压）已经完全消失，但在实际情况中，贝叶斯统计学还是得到了广泛的应用，非但已经几乎脱离了异端的定位，甚至还在部分领域中堪称主流，是一种被广泛利用的有效的“统计学”。

贝叶斯定理是这样的：

P（A|B）=P（B|A）×P（A）/P（B）

这个定理可以用一种更直白的文字描述：

对某事新的信念水平 = 旧的信念水平 + 新证据的权重

这个基于概率的法则有个非常奇怪的地方，它似乎无关乎概率、频率或随机性。相反，它更多的是基于信仰、观念和证据等感性因素。

贝叶斯想要指出的是，我们不仅可以用概率或赔率来量化自己的信念，还可以运用概率学去计算这种看法的合理性。

尽管贝叶斯从未这样表示，但他的定理可以在新证据的启迪下更新（或重塑）我们的信念。

简而言之，贝叶斯定理表明，我们可以用概率学语言来捕捉我们对某些结论、假说的信念水平。当用概率去表明某种信念水平合理与否时，贝叶斯定理就呈现出简单明了的形式。确定性很高的结论，比如“明天太阳会升起”，它的合理性会被高概率和低赔率表达出来。对于那些匪夷所思的说法，比如“地壳下面住着蜥蜴人”的概率较低，赔率就会很高。

贝叶斯定理表明，我们可以根据新证据的出现，乘以一个叫作“似然比”的系数来重塑我们的初始信念，证据的权重（可信度）则由实验室或大规模群体研究提供。尽管似然比看起来很复杂，但它同时也很直观。例如，在我们信念正确的前提下，如果证据提供的概率值非常高，这个值就会无限接近1，这是概率中可以实现的最高值。

贝叶斯定理表明了如何根据新证据更新信念，首先你得对某事有一个先验认知。

我们以乳腺癌的筛查为例，假设在筛查结果出来之前，我们相信某个病人得乳腺癌的概率是5%，我们可以把初始信念水平，即患癌的概率设为0.05。假设该病人得到了一个阳性的结果，其患癌概率是80%，同时也表明没有患癌（即假阳性率）的概率是20%。那么我们发现，筛查测试的似然比是0.8/0.2=4，贝叶斯定理告诉我们，一个阳性筛查结果会使我们相信该病人患癌概率达到了初始概率的4倍，由0.05增加到0.2。将它重新翻译成概率，这一数值意味着患癌概率为17%，该病人仍有83%的概率未患癌，尽管结果呈阳性。那个结果很可能只是一个假结果。

高手总能殊途同归，法国数学家拉普拉斯多年来也一直在思考与贝叶斯同样的问题。

1781 年，他从一位同事口中得知了贝叶斯的作品，于是开始努力攻克“先验问题”，并偶然发现了一个简单的解决方案：如果我们没有初始想法，比如在猜测某次抛硬币正面朝上的概率时，为什么不干脆认为它可能是 0 至 100% 之间的任意值呢？这被称为“理由不足原则”或“冷漠原则”。这个原则使用简单粗暴，却用途广泛。

拉普拉斯赋予了贝叶斯定理现代感和权威性，所以，有足够理由可以将之称为贝叶斯 - 拉普拉斯定理。但很快，他的方法受到新一代研究人员的攻击，他们集中抨击了其过程中的“阿喀琉斯之踵”：在没有证据的情况下，设定了先验认知水平。一些人反对拉普拉斯以“无证据”作为计算的起点：有些人不喜欢将概率和看似模糊的“信念程度”画上等号。

最激烈的批评来自那些认为贝叶斯 - 拉普拉斯定理威胁了整个科学事业的人。在他们看来，该定理的初始信念源于主观，这恰恰威胁了科学研究最宝贵之处——客观性。

自尊心极强的科学家们怎能允许这种“无主见的行为”渗入他们追求客观真理的坚定使命中呢？

到20世纪20年代，贝叶斯定理被逐出了科学领域。尽管当代最具影响力的统计学家接受了贝叶斯定理提供的计算方案以解决“条件概率”问题，但他们还是拒绝接受其将证据转化为个人见解的过程。

相反，统计学家们设计了一个基于完全客观的“频率论”概念的全新工具包，在这个工具下，概率仍是频率的结果，只有满足某些条件时才会存在。

从本质上说，这些试图避免贝叶斯定理中“先验问题”的人，通常坚持原来的概率理论公式：假定知道原因，就可以给出预期的结果。

例如，频率论者会假定抛硬币是公平的，再着手检验抛硬币是否公平，然后使用标准的概率公式去推论会得到何种结果。如果结果表明“抛硬币是公平的”这一论点的可能性很低，那么频率论者会认为这就证明了其概率很低——有人在作弊！

如果这听起来不太正确，那么恭喜你，你刚刚发现了推理中存在的一个缺陷。这个缺陷是大多数研究人员在20世纪都未能理解的。上面这个例子犯了一个根本错误：声称给定B得到A的概率与给定A得到B的概率是一样的。

随着频率论方法的流行，一些统计学家多次警告，忽视真相存在着极大的危险。然而，几十年来，他们的警告似乎被完全忽视了。即使是今天，还有不少研究人员仍在使用频率论的方法从数据得到结论。这导致经济学、心理学、医学和物理学等领域的很多主张和观点，实际上都值得商榷，甚至很有可能是完全错误的。随着研究人员依然基于有逻辑缺陷的频率论不断炮制所谓的“研究成果”，一些有力证据渐渐浮现，足以推翻上述“成果”。有缺陷的频率论竟然能大行其道这么多年，确实让人感到匪夷所思。

其实，在第二次世界大战中，为了解读密码等军事性目的，贝叶斯统计学得到了广泛的使用，并取得了巨大的成果。由于贝叶斯统计学成为一种高效的“军用技术”，战争结束后，军方也曾刻意将这种方法雪藏。

“二战”之后是漫长的“冷战”，这导致贝叶斯统计学的实用性在很长一段时间内没有为民众所知晓。

值得庆幸的是，随着一些档案被解封，人们也开始意识到贝叶斯统计学的威力。如今，贝叶斯的理论正被越来越多的研究人员应用于诸多领域——比如人工智能的机器学习、灾难搜救等。

频率学派VS贝叶斯学派

既然提到贝叶斯定理，就不得不提到频率学派（Frequentists）和贝叶斯学派（Bayesians）。

频率学派诞生，后来居上，贝叶斯学派几乎被世人遗忘。

虽然贝叶斯学派随后复兴了二十多年，但是从那时起，两个理论派别间从来没有停止过争论。下面举几个频率学派与贝叶斯学派之间思想不一样的地方。

频率学派最重要的就是不断重复，越多越好，趋近于无限；而贝叶斯学派讲的都是抽样和分布。

频率学派认为抽样是无限的，在无限次抽样当中，对于决策的规则可以很精确。贝叶斯学派则认为世界无时无刻不在改变，未知的变量和事件都有一定的概率。这种概率会随时改变这个世界的状态，后验概率是先验概率的修正。

频率学派认为模型的参数是固定的，一个模型在无数次的抽样过后，所有的参数都应该是一样的；而贝叶斯学派则认为数据应该是固定的，我们的规律从我们对这个世界的观察和认识中得来，我们看到的即是真实的、正确的，应该从观测的事物来估计参数。

频率学派认为，任何模型都不存在先验；而先验在贝叶斯学派当中有着重要的作用。

频率学派主张的是一种评价范式，它没有先验，更加客观。贝叶斯学派主张的是一种模型方法，通过建立未知参数的模型，在没有观测到样本之前，一切参数都是不确定的，使用观测的样本值来估计参数，得到的参数代入模型使当前模型得出最佳的拟合观测数据。

不管是贝叶斯学派还是其他什么学派，使用统计性手法时一定会用到某种模型。关于这些模型，20 世纪下半叶的统计学大师乔治·博克斯如是说道：从本质来看，任何模型都不是正确的，但其中也有有用的。

是的，任何模型都不是真值。本来模型就是人们为了某种简单化而创造的，即使想要得知模型的各项条件，但人所能够知晓的范围也是有极限的。考虑到这一点，“任何模型都不是真值”倒也是个理所当然的答案。

但是，重要的是从这里可以读出“选择模型时，比起是否为真，是否有用才更重要”这个信息。可以说，这是对于 21 世纪的统计学而言的关键信息。

你真的能看懂化验报告吗?

概率，不过是常识的算术表达。但很多人一看数学符号，立刻就变傻了。

基础概率忽略，是人们在进行主观概率判断时倾向于使用当下的具体信息而忽略掉一般常识的现象。

从统计学的角度讲，人们容易犯假阳性错误与假阴性错误。

你把不具备你所指特征的对象 A 当作是具备你所指特征的对象 B 来处理，这个时候，你犯的就是假阳性错误。

假设有一个人来看病，他其实没有得什么病，但是医生根据一些高血压的特征，认为他患有高血压，医生就是犯了假阳性错误。再比如有一个坏人，结果被警察根据他具备一些好人也有的特征给放走了，这个时候，警察犯的就是假阴性错误。

· 基础概率谬误

统计学里常常会遇见一个“基础概率谬误”（Base Rate Fallacy）问题。诺贝尔经济学奖获得者卡尼曼曾举过一个例子。

一辆出租车在肇事后逃跑，该城市有两家出租车公司，一家是蓝色的，一家是绿色的。现给予以下数据：1. 该城市 85% 的出租车是绿色的，15% 是蓝色的；2. 目击者证实肇事的出租车是蓝色的。法庭证实目击者在 80% 的时间里能正确区分蓝色和绿色，在 20% 的时间里不能区分这两种颜色，那么肇事的出租车是蓝色的概率有多大？

对于这个问题，统计学里的贝叶斯公式能给出正确的答案。

首先，我们必须考虑蓝绿出租车的基本比例（15∶85）。也就是说，在没有目击证人的情况下，肇事之车是蓝色的概率只有 15%，这是“A= 蓝车肇事”的先验概率 P（A）=15%。

现在，有了一位目击者，便改变了事件 A 出现的概率。目击者看到车是“蓝”色的。不过，他的目击能力也要打折扣，只有 80% 的准确率，即也是一个随机事件（记为 B）。我们的问题是要求出在有该目击证人“看到蓝车”的条件下肇事车“真正是蓝色”的概率，即条件概率 P（A|B）。后者应该大于先验概率 15%，因为目击者看到“蓝车”。如何修正先验概率？为此需要计算 P（B|A）和 P（B）。

因为 A= 车为蓝色、B= 目击蓝色，所以 P（B|A）是

在“车为蓝色”的条件下“目击蓝色”的概率，即P(B|A)=80%。最后还要算先验概率P(B)，它的计算麻烦一点儿。P(B)指的是目击证人看到一辆车为蓝色的概率，等于两种情况的概率相加：一种是车为蓝，辨认也正确；另一种是车为绿，错看成蓝。所以：

$$P(B)=15\%\times 80\%+85\%\times 20\%=29\%$$

从贝叶斯公式：

$$P(A|B)=\frac{P(B|A)}{P(B)}P(A)=\frac{80\%}{29\%}\times 15\%=41\%$$

可以算出在有目击证人情况下，肇事车辆是蓝色的概率为41%，同时也可求得肇事车辆是绿车的概率为59%。被修正后的“肇事车辆为蓝色”的条件概率41%大于先验概率15%，但是仍然小于肇事车可能为绿的概率（59%）。

如果觉得不太明白，不妨再换一个问题。

假设你将有两种交通工具可以选择：A汽车，B飞机。再假设当发生事故时：

1. 汽车乘客死亡的概率为20%。

2. 飞机乘客死亡的概率为90%。

请问乘坐哪种交通工具更安全？

这次你是不是体会到自己的大脑还是下意识说坐飞机

比较危险？但显然，你知道本书里的题目大多有陷阱。是的，依然是基础概率谬误问题。

其实在不知道准确基础概率之前，我们还很难做出判断。

这个题目，我们尝试先假设基础概率，然后给大家展示一下应该怎么计算。

这个题目中隐含了一个前提：这个概率是针对已经发生事故的情况下的死亡概率。但是我们要评估我们是否会死亡，就还需要知道以下两点：

1. 两种交通工具发生事故的基础概率。

2. 你乘坐了交通工具，交通工具没有发生事故，自己却死亡的概率（我们将它假定为零）。

现在我告诉你：比如飞机发生事故的概率是百万分之一，而汽车发生事故的概率是十万分之一。

在这样的条件下，我们现在计算一下我们坐飞机安全还是坐汽车安全。

现在有 100 万人，分别选择乘坐汽车或飞机出行。

对于选择乘坐汽车的乘客，1000000×1/100000=10 人会发生事故。

对于选择乘坐飞机的乘客，1000000×1/1000000=1

人会发生事故。

再算算坐汽车的乘客死亡人数为 10×20%=2 人

再算算坐飞机的乘客死亡人数为 1×90%=0.9 人

那么你乘坐汽车的死亡概率为 2/1000000

而你坐飞机的死亡概率为 0.9/1000000

可见坐飞机更为安全。而因为最近经常听说飞机出事故而不去坐飞机的选择就是不明智的。

· 假阳性与假阴性

2004 年底，被长春市某医院诊断出卵巢癌后，吉林省某电视台女主持人小美（化名）在该医院医生的建议下切除了一侧卵巢、阑尾等附件，又经过 3 个疗程的化疗，身心受到巨大伤害。然而第二年 7 月份，北京市三家医院的专家却得出了非癌的诊断，让 27 岁的未婚女主持人陷入另一种悲痛之中。

其实，如果小美考虑到自己的这个年龄患上卵巢癌的概率，就会产生质疑。这是一个常识，也是一个基础概率。如果小美理解了这个原理，当时就应该去更权威的机构进行复查。

正确解读从化验室得出的检验报告，需要概率知识。然而，多数情况下，连研究人员也或多或少倾向于强调一些毫无意义的衡量“准确性”的标准，却完全忽略基准概率的重要性。如果你知道人们对概率的误解有多深，当被医生宣判“死刑”或者“没事儿”时，心里都不至于慌了神儿或者麻痹大意。

另一个相反的例子来自澳大利亚明星奥莉维亚·纽顿·约翰，她发现自己的乳房有肿块时不过四十出头。通常，她这个年龄段的女性患乳腺癌的可能性不超过1%，并且她的乳房X线片检测和活体切片检查都呈阴性。她这个年龄段的澳洲女性，只有万分之一的概率患上乳腺癌——同时得到两个假阴性测试结果。然而，奥莉维亚感到身体越来越不舒服，最终复查确诊她患上了乳腺癌。奥莉维亚最终战胜了癌症，并设立了自己的癌症基金会。

这涉及两个概念：假阳性率与假阴性率。

假阳性率：得到了阳性结果，但这个阳性结果是假的。即在金标准判断无病（阴性）人群中，检测出为阳性的概率（没病，但检测结果却说有病），为误诊率。

假阴性率：得到了阴性结果，但这个阴性结果是假的。即在金标准判断有病（阳性）人群中，检测出为阴性的概率（有病，但检测结果却说没病），为漏诊率。

· 当男士被验出怀孕时

误解检测结果的危害是显而易见的，尤其是那些决定自己动手诊断某种病症的人。自 20 世纪 70 年代人类首次可以在家进行怀孕测试至今，已经有许多病症可以通过自己购买相应的检测工具在家自检，比如过敏感染、艾滋病病毒检测等。

一如往常，检测结果“精准”得令人印象深刻。但这意味着什么？在何种情况下，这些结果才真正准确？这些问题的答案远未明朗。就家用早孕测试而言，真实的准确性几乎与显示结果一致：如果结果呈阳性，则表明你极有可能怀孕了。这些测试的假阳性率和假阴性率极低。此外，大多数进行这类测试的女性已经有强烈的理由相信自己怀孕了。

美国 ABC 新闻曾报道，有个 18 岁的年轻男子，在药柜发现一支前女友遗留下来且尚未使用的验孕棒，开玩笑地拿来验自己的尿液，没想到竟然出现已怀孕的两条线，于是将这个小趣事，画成漫画上传至社交网站，吸引了不少网友的注意。其中有网友留言给他，你的验孕测试结果是阳性，有可能是你患上了睾丸癌。结果，竟然证实这位年轻男子的右侧睾丸的确有一个小肿块。

验孕棒的原理是检测女性体内激素的变化，从而让女性得知自己是否怀孕。但是并非只有孕妇才会产生激素的变化，患有睾丸癌的男性也会产生同样的激素。所以这就是为什么男性使用验孕棒可以检测自己是否患有睾丸癌。我们说的这种激素就是HGC，是在女性怀孕期间胎盘中自然分泌的激素，在患有睾丸癌的男性中同样也会出现。

对于在家测试艾滋病的人来说，怀疑测试结果的合理性尤为重要。据说，这类测试的“准确率”高到90%以上。但除非你有足够的理由相信自己可能被传染了艾滋病毒，否则这一数字也充满着误导性。虽然艾滋病的特异性和敏感性的确高于90%，可外界群体感染艾滋病的基准概率是很低的。因此，已知团体以外的人如果得到阳性测试结果，很可能是假阳性，而非真正的病毒感染。

“三门问题”与条件概率

“三门问题”是一个知名的概率问题，这个问题刚好用到了“条件概率”。让我们一起来看看，条件概率是如何帮助参赛者提高获胜机会的。

蒙提霍尔是一个美国电视节目的主持人，他曾主持过一档电视游戏节目，叫作《让我们做个交易》。节目中有三扇关闭的大门，其中一扇门的后边是一辆豪华汽车，另外两扇门的后边各藏着一只山羊。如果参赛者最终选定的门后边是豪华汽车，参赛者可以开着豪华汽车回家；如果是山羊，参赛者将空手而归。

节目开始后，蒙提霍尔让参赛者从三扇关闭的门中随便挑选一扇，然后，蒙提霍尔会从剩下的两扇门中打开一扇，门后定会出现一只山羊，因为，蒙提霍尔知道豪华汽车藏在哪扇门的后边。此时，蒙提霍尔会给参赛者一个改选的机会，如果你是参赛者，你会改选另一扇门还是坚持最初的选择？

很多人会想：蒙提霍尔知道豪华汽车在哪儿，我可不知道，所以选哪扇门都一样嘛，改或者不改结果是一样的。

节目中的参赛者往往也是这么想的，所以他们有的坚持不改，有的摇摆不定之后改选了另一扇门。

这个游戏还包含另一层心理层面的因素，如果参赛者不改变自己最初的选择，即使他们没有得到豪华汽车，也会用“坚持自我”来安慰自己；而如果他们改选另一扇门却落了个空，则会懊恼不已，因为他们把到手的豪华汽车拱手送了出去！看起来，不改变自己最初的选择是对的。

“不忘初心”“坚持信念”，是多么令人泪目的正能量！

然而，数学不相信眼泪。下面，我们来分析，为什么“坚持信念”是错误的。

我们对前提条件做一个简化：我们首先假设主持人也不知道哪扇门后边是豪华汽车，也就是说，在参赛者选择一扇门后，主持人在剩下的两扇门里随机挑选一扇。

此外，为了方便起见，我们把两只山羊分别记为黑羊和白羊。很显然，这样不会影响计算结果。

在这样的前提条件下，我们把所有可能的情况列出来。一共有 6 种可能的情况，即 6 个随机事件，见下表。

	你初次选择的门	主持人打开的门	剩下的一道门
A	黑羊	白羊	豪华汽车
B	黑羊	豪华汽车	白羊
C	白羊	黑羊	豪华汽车
D	白羊	豪华汽车	黑羊
E	豪华汽车	黑羊	白羊
F	豪华汽车	白羊	黑羊

然而，在实际的操作中，电视综艺节目的制片方为了观赏效果和收视率，并不会让主持人真正随机打开一扇门。主持人只会选择黑羊或白羊面前的那扇门，所以，随机事件 B 和随机事件 D 是不可能发生的。

明白这一点很关键，假设你第一次选择了黑羊或者白羊时，主持人根本没有选择的余地，他必须选择另一只山羊，而留下豪华汽车。这个时候，参赛者应该“忘掉初心”，选择另一扇门，这无疑是明智的。

假设你第一次选择了豪华汽车，主持人一定会留下一只山羊，这时参赛者不应该“不忘初心”。

因此，在下面三种情况下，参赛者会获得豪华汽车。

你选择黑羊→主持人选择白羊→你改选另一扇门→你获得豪华汽车

你选择白羊→主持人选择黑羊→你改选另一扇门→你获得豪华汽车

你选择豪华汽车→主持人选择白羊或黑羊→你不改变选择→你获得豪华汽车

这三种情况包含的一个重要信息是：只要知道了参赛者初次选择的门后是什么，就知道了参赛者是否应该改选另一扇门。

下面，我们来计算参赛者第一次选择的三种可能的结果出现的概率。

随机事件 1：参赛者第一次选择黑羊；

随机事件 2：参赛者第一次选择白羊；

随机事件 3：参赛者第一次选择豪华汽车。

我们知道，参赛者第一次的选择是完全随机的，因此：

只有当随机事件 3 发生时，参赛者才应该坚持自己的选择，而随机事件 3 发生的概率只有 1/3。

所以，我们得到的结论是：改选另一扇门，有 2/3 的可能得到豪华汽车；反之，则只有 1/3 的可能得到豪华汽车。

这个游戏的玄机在于：在你随机选择一扇门之后，主持人为你去掉了一个错误答案。领悟了这其中的奥妙，你赢得游戏的概率就提高了，这就是“条件概率”的神奇之处。

所谓条件概率是指事件 A 在另外一个事件 B 已经发生条件下的发生概率。条件概率表示为：P（A|B），读作“在 B 的条件下 A 的概率”。条件概率可以用决策树进行计算。

条件概率的谬论是假设 P（A|B）大致等于 P（B|A）。数学家约翰·艾伦·保罗斯在他的《数学盲》一书中指出，医生、律师及其他受过很好教育的非统计学家经常会犯这样的错误。这种错误可以通过实数而不是概率来描述数据的方法来避免。

P（A|B）与 P（B|A）的关系如下所示：

P（B|A）=P（A|B）P（B）/P（A）

这里有一个虚构的例子，但非常写实，P（A|B）与P（B|A）的差距可能令人惊讶，同时也相当明显。

若想分辨某些个体是否患有重大疾病，以便早期治疗，我们可能会对一大群人进行检验。虽然其益处明显可见，但同时，检验行为有一个地方引起争议，就是有检出假阳性的结果的可能：若有一个未患疾病的人，却在初检时被误检为患病，他可能会感到苦恼烦闷，一直持续到更详细的检测显示他并未患病为止。而且就算在告知他其实是健康的人后，也可能会对他的人生产生负面影响。

这个问题的重要性，最适合用条件概率的观点来解释。

假设人群中有1%的人罹患此疾病，而其他人是健康的，我们随机选出任一个体，并将患病以disease、健康以well表示：

P（disease）=1%=0.01，P（well）=99%=0.99，

假设检验动作实施在未患病的人身上时，其结果有1%的概率为假阳性（阳性以positive表示）。意为：

P（positive|well）=1%，且P（negative|well）=99%，

最后，假设检验动作实施在患病的人身上时，其结果有1%的概率为假阴性（阴性以negative表示）。意为：

P（negative|disease）=1%，且 P（positive|disease）=99%。

现在，由计算可知：整群人中健康且测定为阴性者的比率。

P（positive|disease）=99% 是整群人中得病且测定为阳性者的比率。

整群人中被测定为假阳性者的比率。

整群人中被测定为假阴性者的比率。

进一步得出：

整群人中被测出为阳性者的比率。

P（disease|positive）=50% 是某人被测出为阳性时，实际上真的患病的概率。

这个例子里面，我们很容易看出 P（positive|disease）=99% 与 P（disease|positive）=50% 的差距：前者是你患病，而被检出为阳性的条件概率；后者是你被检出为阳性，而你实际上真患病的条件概率。

由我们在本例中所选的数字，最终结果可能令人难以接受：被测定为阳性者，其中的半数实际上是假阳性。

关于假阳性和假阴性，我们再用一个虚构的具体案例来阐述。

当阿兰感到左胸有痛感时，她决定谨慎对待。作为60多岁的妇女，她每隔两年都会做一次乳房X线片检查。如今，她决定再做一次，尽快查明疼痛的原因。X线片照完了，阿兰离开医院时心情轻松了些，她觉得自己做了件正确的事。医院的前台服务人员告诉她，一旦有什么问题，会通过电话通知。

几天后，医院确实给她打电话了，告知她乳腺癌检查结果呈阳性。

阿兰陷入极度忧虑中。面对这样的结果，谁会不担心呢？只要我们在网上一搜就能知道，乳房X线片检查的准确度约为80%。结果似乎很清楚了：阿兰患乳腺癌的概率高达80%。当然，许多医生都会得出这个结论。但他们错了，就连乳房X线片呈阳性的结果也很可能错了。这并非指80%这个数字是错误的。它只透露了故事的一部分，而有人从中得出了貌似准确但实际上却很不充分的结论。

概率理论表明，要搞清楚诊断的意义，我们需要三个而不是一个数字。其中两个数字反映了所有诊断测试的一个关键特性：具有潜在的双向误导性。首先，它会错误地检测出事实上不是问题的问题，产生所谓的假阳性；其次测试也可能忽略真问题，导致假阴性。规避这两个缺陷可以用以下两个概念：真阳性率和真阴性率，专业术语称作“敏感性”和“特异性”。

多年来，专家们试图将这两者融合成一个概念，一些人声称其能代表“准确性”，但这些努力总是存在这样或那样的不足。另外，让它们保持相互独立，能让我们掂量，我们该在多大程度上受诊断结果的影响。

毕竟，医生可以简单、直接地告诉某位患者他得了心脏病。当诊断结果为阳性的概率是 100% 时，它反映了该病症的真阴性率（即特异性）为 0。事实上，医生也不会轻率地告诉任何人说他没有得心脏病。只有分别了解这两个特性后，才能对诊断结果的真正价值进行衡量。

在乳房 X 线片检查的案例中，真阳性率和真阴性率都是 80% 左右。这意味着 100 名患有乳腺癌的妇女中，乳房 X 线片检查能正确诊断出其中 80 名患者的疾病；而在 100 名没有患病的女性中，这项检查能准确断定其中 80 名女性身体健康。可能这看起来仍然算可靠，但跟我们经常碰到的概率问题一样，确切的措辞极其重要。所谓 80% 的可靠性，是通过对已知患乳腺癌的妇女进行测试得出的。因此，它只能证明对已知信息的测试是可靠的。但对于像阿兰这样进行常规筛查的女性患者来说，我们能知道关于她是否患乳腺癌的判断主要来自该疾病的患病率，它对我们理解任何诊断结果都至关重要。

再来看阿兰的例子。首先，我们要知道乳腺癌的形成受诸多因素影响，包括家族背景、遗传基因、年龄大小等。要理解任何个体的诊断结果，使用恰当的数据至关重要。例如，美国女性一生患乳腺癌的风险约为12%，但这个风险会随年龄的变化而变化。而阿兰这个年龄段的女性，患病率约为5%，这一数字从根本上改变了“乳房X线片检查呈阳性结果有80%准确率”的意义。一些简单的数学计算显示，事实上，其阳性诊断结果超过80%的可能是身体发出的假警报。

“准确”诊断结果的真正含义是什么？

X线片检查作为乳腺癌的诊断技术，其作用令人印象深刻：它能发现约80%的乳腺癌病例，同时也能确定健康人群中相同比例的人没有患病。但它无法告诉我们阿兰患乳腺癌的概率，即便她的检测结果呈阳性——因为我们不知道她属于哪一类群体，是确定患病群体还是未确定患病群体。

不过，我们可以从她所属年龄段女性的乳腺癌患病率中得到一些启发。统计数据显示，阿兰所在年龄段的女性患乳腺癌的风险约为 5%。现在我们来看看原始数据给我们的启发：在阿兰这个年龄段的女性中，每 100 人中患乳腺癌的人数为 5 人，没有患乳腺癌的人数为 95 人。

这 5 名乳腺癌患者中，检测出的真阳性率约为 80%，即 4 名患者是真的阳性。但至关重要的是，她们并非唯一得到阳性结果的群体。在那些没有患病的女性中，真阴性率为 80%，则意味着大多数人将得到正确的未患病诊断结果，但仍有 20% 的人无法排除患病的可能。这就导致了大量的假阳性病例：

正确的阳性结果数量为：80%×5=4；不正确的阳性结果数量为：20%×95=19；因此阳性结果总和为：4+19=23。

现在，我们终于可以回答这个关键问题了：阿兰的检测结果呈阳性，她真的患有癌症的概率是多少？乳腺癌患病概率（已知测试结果为阳性）= 真阳性结果人数 / 检测阳性结果人数 =4/23×100%=17%！

因此，尽管阿兰的 X 线片检测结果呈阳性，但她没有患乳腺癌的可能性仍有：100%−17%=83%。检测结果呈阳性被描述成“80%”的准确率，其真正的意义很可能与之截然相反——考虑任何诊断结果的合理性，这一点至关重要。

所以，我们应该如何对待阳性的检测结果呢？当然，担心是人之常情。例如，在阿兰的情境中，阳性检测结果表明她患乳腺癌的概率从5%的基准比率提高到了17%，可她也没必要对自己判死刑或感到恐慌，因为她的健康概率仍有83%。

比较合理的反应是进行进一步测试，因为每一次测试结果都会为支持或反对乳腺癌诊断增加证据。阿兰这么做了，果然，她得到了确切的诊断报告：她没有患乳腺癌。

然而，这个办法并非总能行得通。概率并不表示确定性，我们永远不要想当然地把两者混为一谈。

第 2 章

“反直觉”的概率思维

军事理论家克劳塞维茨（Clausewitz）说过：“数学就是常识的衍生物。”

但概率往往会给人“反常识”的印象，因为概率素以违反直觉著称，其程度远超过其他任何数学理念。有时，甚至连著名的数学家也会被概率难倒。

对概率的深刻理解，能让我们超越直觉，探索超出我们理解能力之外的领域。

孤注一掷，还是细水长流？

2004 年 4 月，英国职业赌徒阿什利·雷维尔（Ashley Revell）变卖了所有家产，除了一套身上的衣服和 500 英镑的零用钱。这一年，雷维尔 32 岁。

雷维尔身上揣着一张8.5万英镑的支票就飞到赌城拉斯韦加斯。

雷维尔身穿一件租来的无尾礼服，他拿支票换了一堆筹码，径直走向轮盘赌桌，他将做一件近乎疯狂的事。他将所有筹码都押在了一场赌局上：他赌白色小球静止时，会停在红色区域内——也就是把赌注押在红色上。

后来的事情全世界都知道了，他凭借超好的运气，不仅没有失去全部家产，还赚到了双倍赌金。围观人群欢呼雀跃，朋友们与他激动相拥，父亲当众称呼他为“熊孩子”。

在世人看来，雷维尔的方法并不可取，太过草率。

多年后，雷维尔在采访中也承认：“我现在不会这么干了，虽然我还在赌博，但不会做像2004年那样的事情了。我认为自己运气还不错，不过这更多是因为我做出了正确的决定。”

其实，雷维尔为此筹划了数月，并且征求了亲朋的意见。虽然他的家人对此表示反对，但朋友们都认为这是个绝妙的主意。

事实上，大多数赌场都讨厌这种一锤子买卖。赌场最喜欢细水长流的赌博行为，这样他们才能根据背后的概率法则稳赚不赔。

雷维尔此前也在这家赌场玩过多次小额赌注的赌博，结果是输掉了将近一千美元，这坚定了他孤注一掷的决心。

面对孤注一掷的行为，赌场的庄家优势并不明显，风险难以控制。就算是赌场赢了，一旦传出“某位赌客在赌场顷刻间输得一无所有”的消息，赌场的声誉就会受损。因此，当雷维尔把所有赌注放上赌桌时，赌场经理立刻就急了，上前进行了风险提示，问他是否确定要这么做。

看起来不那么随机的随机

2005 年 1 月，苹果引入了 iPod Shuffle，这是一次更具革命性的创新。

乔布斯注意到 iPod 上面的“随机播放”功能非常受欢迎，它可以让使用者以随机顺序播放歌曲。这是因为人们喜欢遇到惊喜，而且也懒于对播放列表进行设置和改动。

有一些用户甚至热衷于观察歌曲的选择是否真正的随机，因为如果真的是随机播放，那为什么他们的 iPod 总是回到诸如内维尔兄弟乐队（The Neville Brothers）这儿来？

他们据此认为播放根本不随机。

这个有趣的争论，引起了乔布斯的注意，从而引出一款名为 iPod Shuffle 的产品。

乔布斯明白，人们对“随机”的理解是非常主观的。于是乔布斯干脆放弃了真正的随机算法。用乔布斯本人的话说，就是改进以后的算法使播放“更不随机，以至于让人感觉更随机”。

当项目经理努力制造一款体积更小、价格更低的闪存播放器时，他们一直在尝试把屏幕的面积缩小之类的事情。有一次，乔布斯提出了一个疯狂的建议：干脆把屏幕全部去掉吧。“什么？！”项目经理没有反应过来。

“去掉屏幕！”乔布斯坚持。项目经理担心的是用户怎么找歌曲，而乔布斯的观点是他们根本不需要找歌曲，歌曲就可以随机播放。毕竟，所有的歌曲都是用户自己挑选的，他们只需要在碰到不想听的歌曲时按“下一首”跳过去。iPod Shuffle 的广告词是：“拥抱不确定性。”

失踪的弹孔

1902 年，亚伯拉罕·沃德出生于当时的克劳森堡（隶属奥匈帝国）。

沃德是一位神童，十几岁时，就凭借出众的数学天赋，被维也纳大学录取。

但是，在沃德于20世纪30年代中叶完成学业时，奥地利的经济正处于一个非常困难的时期，因此外国人根本没有机会在维也纳的大学中任教。

1933年，奥斯卡·莫根施特恩（Oskar Morgenstern）还是奥地利经济研究院的院长。他聘请沃德做与数学相关的一些兼职，所付的薪水比较微薄。

1938年，纳粹攻克奥地利，却为沃德带来了转机，这使得沃德更加坚定了离开欧洲的决心。几个月之后，他得到了在哥伦比亚大学担任统计学教授的机会。于是，他收拾行装，搬到了纽约。不久，亚伯拉罕·沃德受雇于美军统计部门。从此以后，他被卷入了战争。在哥伦比亚大学旁的一个秘密公寓，这里汇聚着当时全美国最受尊敬的18名数学家和统计学家，他们只做一件事：通过统计学分析来降低战损。

美国空军迫切需要解决一个关键问题。在欧洲和太平洋地区的盟军飞机正在以惊人的速度被击落。在这场战争期间，超过43581架飞机可能会因为德国和日本的对空高射炮坠毁。在1943年8月的一次由376架飞机发起的空袭中，60架B-17s被击落。损失率是如此之高，以至于统计上不可能让一名军人在欧洲执行任务25次。

有一次军方来找沃德，要求他看看飞机上的弹孔统计数据，在飞机的哪个部位加装装甲比较合适。

原来军方派出去的作战飞机，返航的时候往往都会带着不少弹孔回来。为了避免飞机被击落，就需要在飞机上加装装甲，但装甲安装多了，又会降低飞机的机动性，消耗更多的燃料。

军方希望把装甲安装在飞机最容易受到攻击、最需要防护的地方。他们希望沃德能算出这些弹孔最多的机身部位究竟需要安装多少装甲。

沃德看了一下统计报告说，你们搞错了，应该安装装甲的地方不是弹孔最多的地方，而是那些弹孔少的地方，特别是没有弹孔的引擎部位，一定要有装甲防护。

沃德的回答让军方大吃一惊，这是非常有违常规的建议。

为什么飞机上最应该加装装甲的地方不是弹孔多的地方，而是弹孔少甚至没有弹孔的引擎？

沃德的逻辑非常简单：飞机各部位中弹的概率应该是一样的，为什么引擎上却很少？引擎上的弹孔到哪儿去了？原来这些弹孔已经随着坠毁的飞机消失了！军方统计的只是返航的飞机，那些遭遇不幸的飞机被忽视掉了。

飞机各部位受到损坏的概率应该是均等的，但是引擎罩上的弹孔却比其余部位少，沃德深信，这些弹孔应该都在那些未能返航的飞机上。胜利返航的飞机引擎上的弹孔比较少，其原因是引擎并未遭到攻击。大量飞机在机身被打得千疮百孔的情况下仍能返回基地，这个事实充分说明机身可以经受住打击，因此无须加装装甲。

美军迅速将沃德的建议付诸实施，沃德的建议在多大程度上左右了战局，我们无从知晓，但美国国防部一直有一个共识，如果被击落的飞机比对方少5%，消耗的油料低5%，步兵的给养多5%，而所付出的成本仅为对方的95%，往往就会成为胜利的一方。

沃德拥有的空战知识，对空战的理解都远不及美军军官，但他却能看到军官们无法看到的问题，这是为什么呢？根本原因是对概率的深刻认识，而概率又是如此反直觉的思维方式。专业的知识、科学的决策，让美军增加了第二次世界大战的胜出概率。

幸存者偏差与选择偏倚

美国军方的疏忽其实是一种典型的“幸存者偏差”

（survivorship bias），这是一种困扰所有领域数据分析师的认知偏差。这个案例是使用统计数据并理解统计偏差的重要性时最令人印象深刻的案例。

"幸存者偏差"俯拾皆是。比如某天你遇见一位"直销大咖"，他告诉你自己能拿到多少的佣金返点，并邀请你也参加他的直销事业。这个时候，你应问他，那些失败的直销员有多少呢？

正所谓"一将功成万骨枯"，人们往往因为过分关注目前的人或物及幸存的经历，而忽略了不在视野之内或者无法幸存的人或物，容易在不知不觉中犯下错误。

成功学的流行也是基于一种幸存者偏差，成功者或许具备意志力、情商等品格特征，但那些更具此类品格的失败者是没有发言权的。成功学也在贩售一份希望。有一句劝你行动起来的鸡汤式励志格言这样说：你要中乐透大奖，也要先去街上买张彩票吧！是的，只有努力才有机会成功，却从来没有哪位成功学大师告诉你统计学意义上的成功概率。因为一旦告诉你，就失去了煽动性。所以，任何一个真正有科学素养的人，对成功学都是持批判态度的。

幸存者偏差的另一种表述，是选择偏倚（selection bias）：由于选择观察方法不当，使得被选入的研究对象或观察人群与其所代表的总体间或不同组的研究对象间的某些特征具有系统性差别的一种现象。

以 1936 年的美国总统大选为例，《文学文摘》（The Literary Digest）于事前进行了大规模的民调。他们向读者邮寄了 1000 万份问卷，回收了 230 万份。根据读者的反馈，《文学文摘》预测阿尔夫·兰登将会以绝对优势战胜罗斯福，顺利当选总统。结果却恰好相反，罗斯福成功连任。

这么大的统计样本，为什么还会产生这种误差呢？其原因就是样本选择的失误，也叫作“选择偏倚”。回收的 230 万份问卷是受访者的自愿选择，他们对此议题有着强烈的兴趣，根本算不上随机样本。《文学文摘》杂志社还通过电话调查的方式对自己的读者进行了抽样调查，但在当时，能订购杂志、安装电话的家庭大多很富裕，他们的观点并不能代表全美民众。

在特朗普和希拉里竞选期间，再次发生了“选择偏倚”的一幕。美国主流媒体和民意调查机构的民意调查结果都是希拉里的支持率高出特朗普几个百分点，因此在大选前夜，几乎一边倒地认为希拉里的当选率在九成以上。而让美国精英大跌眼镜的是，统计手段全然失灵，有九成胜算的希拉里最终败于只有一成胜算的特朗普，这使整个美国精英阶层被打脸。

你八成误读了“降水概率”

假设你午后有个约会，但忽然想起天气预报说今天午后的降水概率为60%。接下来你会怎么办？这取决于你如何理解“降水概率为60%”这句话。事实上，这句话本身的含义可能跟你所想的完全不同。

美国气象学家曾就人们如何理解天气预报，特别是降水概率预报（POP）做过一些调查研究，发现大众对“降水概率”这个概念存在一定程度的误读。调查者对于“今天午后的降水概率为60%”这样的预报，提供以下四个选择：

A. 一天中的60%时间会有降水。

B. 在预报区域内某一特定地点降水的可能性为60%。

C. 降水在预报区域内的某些地方发生的可能性为60%。

D.60%的预报区域会有降水，40%的区域没有。

只有15%的人选择了正确的答案（B），82%的人选择（C），选（A）（D）的分别为1%和2%。选错的人超过了八成。

关于概率的笑话，在气象预测领域非常多。

琼斯去参观气象站，看到许多预测天气的最新仪器。

参观完毕，琼斯问站长："你说有 60% 的概率下雨，是怎样计算出来的？"

站长不假思索便答道："那就是说，我们这里有 10 个人，其中 6 个认为会下雨。"

事实上，降水概率的算法，和这个笑话有点儿接近。天气预报是基于大气运动原理而建成的计算机模型。早在 20 世纪 60 年代初，科学家就发现这类模型"不靠谱"——数据输入时，出现一点儿小失误就会产生截然不同的预测结果。更糟糕的是，这类模型的敏感度常常会发生变化，导致一些天气预报更加不可靠。

因此，气象领域越来越多地使用集成方法：使用几十种气象预报图，每张气象图都基于数据上稍有差别的资料形成，然后观察它们随时间推移而偏离的规律。降水概率预报是预报人员根据各种气象资料，经过整理、分析、研判、讨论后，预测出在某一地区及一定时段内降水机会的百分数，气象条件越混杂，最终的预测结果就越不准确，预报误差就越大。

这种使用概率的天气预报，美国自 1966 年起使用，日本是 1980 年，而中国是从 1995 年起在北京和上海正式开始使用。美国国家气象局对区域降水概率的规定是：在该区域中任何位置下雨的可能性。

那么，午后“降水概率 60%”意味着总体上有 60% 的可能性会下雨吗？并非如此，因为气象预报图不过是从现实中抽象出来的模型，它本身的准确性就是有待商榷的。

第3章

概率简史

距今约5500年前，人类已经出现了概率游戏。

考古学家在古埃及法老阿蒙涅姆赫特四世的陵墓中，发现了迄今为止最古老的骰子。

这种骰子其实是古埃及人从羊的踝骨中取出的一种四方形、实心且没有骨髓的骨头，这种骨头叫距骨，坚硬且不易损坏。古埃及人常把这种骰子用于一种名为“豺狼与猎狗”的板盘游戏。用投掷距骨的结果，决定猎犬与豺狼移动的步数。在这种上古游戏中，已经出现了概率的身影。

大约又过了2000年，世界上才开始出现“对面点数之和为7”的骰子。

可见，人类对概率的认识，仍然是缓慢的。

神秘难测的概率

在人们的观念里，概率是神秘不可测的，是运气的另一种说法。

公元前800年，吕底亚人已经铸造出了第一批硬币。

骰子与硬币，本应该是概率问题天然的实验工具，但很可惜，仍未有一位智者发现其中的玄机。

大约公元前300年，一位名叫亚里士多德的圣贤降临到这个世界，他是古希腊哲学的集大成者，举世公认的百科全书式的思想家。但是，亚里士多德断言概率是一种暧昧的知识——"概率是说不清道不明的"。概率这种不确定属于神祇的领域。古希腊人常用抽签解决一些争端，将决定权交付给神明。

在亚里士多德之后的2000年，这一观点仍然占据主流地位。

尽管概率是一门非常实用的学问，尽管概率游戏的出现非常早，但人们对概率的深入研究却非常的晚。

数学与玄学相伴而生

16世纪，伴随着文艺复兴，人们的思想也获得了解放，数学逐渐取代了玄学。一些有胆识的学者才发出质疑的声音。

众所周知，“随机”是概率论最基础的思想。

所谓随机，也就是说，承认有些事情就是会无缘无故地发生。

但古人（包括很多现代人）不这么想，他们认为一切事物都是有因果的，甚至可能有神秘的力量在主宰。

概率论的“随机”思想一旦萌芽，可谓是将会对人类世界观产生颠覆性的效果。

文艺复兴时期，意大利有一名业余数学家名叫卡丹诺（Cardano），他喜欢赌博。卡丹诺博学又精力旺盛，一生写了将近 200 本著作，这些作品涉及生活的方方面面。

卡丹诺并不认为输赢是取决于运气，他认为，赌博一两次，输赢只是偶然，但长期赌下去，却会呈现某种规律。这驱使他写出了一本《论机会与赌博》的“赌经”。这是人类第一次试图用数学方法量化风险，管理风险。卡丹诺提出了“赔率”（odds）这个概念，来刻画赌博中有利或不利情形出现的可能性，以对赌博结果进行预测。《论机会与赌博》虽成书较早，却出版甚晚，湮没了差不多 100 年。

1654 年，正当文艺复兴鼎盛时期，法国的德·梅雷（De Mere）骑士决定拿一道难题考考自己的好朋友著名数学家布莱士·帕斯卡（Blaise Pascal）。

■布莱士·帕斯卡（Blaise Pascal，1623—1662）法国数学家、物理学家、宗教哲学家，概率论的奠基人

德·梅雷喜欢赌博和数学。这道题是在一盘两人赌局中，其中一方已经占先，但由于国王召见，不得不提前结束赌局，那么应该如何分配筹码？

将这个问题用现代语言简洁地归纳起来，就应该是下面这样的：

A和B两人公平地进行轮流投掷硬币。正面先出现3次的话就是A胜利，反面先出现3次的话就是B胜利，胜利者可以获得全部的奖金。但当正面出现2次，反面出现1次时，投硬币游戏因某种原因不得不中止。请问此时，从概率学上来看，要以什么样的比例分配奖金才能显得公平呢？

帕斯卡深入思考了这个难题，得到了一个答案。但当时，这样的概率计算还是有史以来的首次尝试，即便是天才帕斯卡似乎也无法确认自己的计算是否正确。于是，帕斯卡以这个解法为话题，将其他的一些概率问题一起写信寄给了费马。对于帕斯卡而言，当时能够参与解答这个难题的，非费马莫属。而且两人虽然没有直接见过面，但也是互相了解并互相尊重对方才能的关系。

于是帕斯卡向杰出数学家费马求助，他们共同努力的成果在知识界轰动一时。

这个 17 世纪法国贵族的赌博游戏带来的却是风险概念的数学核心——概率论的正式产生。

帕斯卡生于 1623 年，16 岁时已经发表了《圆锥曲线专论》，这篇论文后来被载入了数学史册。传说当时最著名的数学家笛卡尔（当时 44 岁）甚至无法相信这篇论文出自一个 16 岁少年之手。

在帕斯卡创立概率论的 1654 年 11 月，他经历了一次神秘体验。这次神秘体验则成了促使他皈依宗教的最直接契机。帕斯卡相信上帝，并给出了理性的论证。“帕斯卡的赌注”是帕斯卡在其著作《思想录》中表达的一种论述，即我不知道上帝是否存在，如果他不存在，作为无神论者的我没有任何好处；但是如果他存在，作为无神论者的我将有很大的坏处。所以，我宁愿相信上帝存在。他在书中指出鉴于永恒的快乐拥有无限大的价值，追求虔诚的生活才是理性的选择。这是因为即便虔诚生活带来永恒快乐的概率极低，这一小概率乘以无限大的结果还是等于无限大。帕斯卡写道："如果上帝存在，他必然无法被人类所了解，因为上帝没有任何局限，他和我们完全不同。我们无法知道上帝究竟是什么或者他是否真的存在……你必须赌一把。既然已经上了牌桌，你别无选择。如此一来，你会做何选择？……让我们再来权衡一下相信上帝存在的得失，估量一下两者的概率。如果你相信上帝的存在，而他真的存在，你得到了一切；如果你相信上帝的存在，而他其实并不存在，你没有任何损失。既然如此，当然要赌上帝是存在的。"自那以后，帕斯卡的赌注就成为哲学家热议的话题。将不同结果和其发生的概率相乘，这种做法就属于现在的决策理论（decision theory），这是一种寻找最佳选择的数学方法。

让我们再回到"赌徒分金"的问题，这道题其实是有原型的，它是由一名叫作卢卡·帕乔利（Luca Paccioli）的修道士早在15世纪就提出来的。特别值得一提的是，正是这位修道士发明了复式记账法，复式记账法被誉为“资本主义的高塔”。

“赌徒分金”这个模型在当下仍有现实意义，比如互联网行业集中度很高，是一个“老二非死不可”的高度竞争的领域。在老大、老二已经决出高下的情况下，如果老大要兼并老二，应该开出多少价格？

17 世纪中期，帕斯卡发现（或者说发明）了一种前无古人的概率性思考方式，并以此为开端改变了世界。现如今，我们的生活已经与概率密不可分，几乎可以说是难以想象离开了概率的生活是怎样的。另外，在数学中，这一起源于分析赌博的理论并非主流派系，相较于其他领域，概率论显得颇具个性。

当帕斯卡和费马创立了概率论的时候，两人都已经是欧洲最著名的数学家，其本身也对概率论中提到的问题非常感兴趣。这样的情况很容易让人认为当时的概率论可以大有进展，事实却并非如此。这两位天才数学家到最后也没有为我们留下有关概率论的正式作品。

数年后，荷兰数学家惠更斯虽然写下了论文，但之后不久牛顿和莱布尼茨就确立了微积分学，数学家们（包括惠更斯在内）都开始着迷于微积分的世界。此后将近 50 年时间里，概率论的研究几乎毫无进展。尤其是牛顿，他对概率论表现得毫无兴趣。

大航海时代与概率论的发展

概率论能得以发展，是以大航海时代的来临为契机的。

概率有一个近义词，叫作“风险”。由于航海具有很大的风险，为了对抗这种风险，就促成了保险业的兴起。保险业在客观上又需要一种理论来量化风险。

早在概率论诞生之前，人类就已经出现了保险和年金的概念——最早可以追溯到古罗马时代——但在那个时候，对费用的估算更像是艺术，而非科学。

17世纪以来，资本主义的不断扩展使得利润与风险相伴而生，贪婪与恐惧混合并存。虽然保险可以弥补此类事故造成的损失，但前提是必须有方法能够计算这些不幸发生的可能性。随着时间的推移，数学家们逐渐把概率论从赌徒的工具转变成为一种解析风险的强大工具。

其中一个办法就是回顾此前大量的船只航行记录，计算遭遇事故船只所占的比例。只有了解此类事件相对稳定的发生频率，就像多次抛硬币出现正面的概率是固定的一样，人们方能估算来年有多少比例的船只可以安全抵达目的地。精算就是在这个基础上发展起来的。

虽说数学上的概率论是由帕斯卡和费马开创的，但这两位却没留下任何以概率论为主题的文章。

荷兰人克里斯蒂安·惠更斯则弥补了帕斯卡和费马的这一缺憾。

1657 年，惠更斯将概率论的相关内容认真整理成册，并以《论赌博中的计算》为题目首次面向大众。在雅各布·伯努利、蒙特莫特、棣莫弗的呕心沥血之作出版并取而代之之前的很长一段时间里，其作都是有关概率论的最简单易懂的说明书。

人们普遍认为，惠更斯是期望值（数学期望）概念的发明者。尽管帕斯卡虽然在事实上接近了期待值的概念，但毕竟缺乏可靠的证据，因此无论如何，在期望值的概念上，惠更斯创下了很大的功绩。

惠更斯在《论赌博中的计算》论文中介绍了约 20 个问题。这其中，除了当时只有极少数人知道的“赌徒分金”问题以外，在书中最后还有个“赌徒破产”问题，最初由帕斯卡提出：两位赌资相同的选手开始比赛。他们将依序进行多轮比赛。每一轮，第一位选手获胜的概率为 p，如果获胜，他将从第二位选手的赌资中拿走 1 个单位；相应的，第二位选手获胜的概率为 $1-p$，获胜后，他也从第一位选手的赌资中拿走 1 个单位。直到某位选手赌资输完，比赛结束。问：比赛最多出现 n 轮的概率是多少？

“赌徒破产”问题对日后随机游走与布朗运动的发展起到至关重要的作用。按照现代术语来说，就是在两个吸收壁之间随机游走，其中一个吸收壁显示第一位选手的得失，另一个吸收壁显示第二位选手的得失。

18 世纪初，英国政府需要通过出售寿命年金的方式来弥补财政需求，数学家们为设计人类生命表的问题展开了激烈的讨论。

这一时期，雅各布·伯努利、棣莫弗、蒙特莫特等人就概率问题做了进一步研究。

概率论在 18 世纪初期前进了一大步，但这也只是暂时的。18 世纪伟大的数学家欧拉在他所涉足的领域中都表现出了卓越的能力，但如此卓越的数学家却并未对概率论作出什么大的贡献。

到了 18 世纪中叶，海运保险已经在伦敦发展成为一门兴旺而复杂的行业。

活跃在 18 世纪末期到 19 世纪中期的法国数学家高斯，在我们如今所说的统计学（其本人有时称之为“概率”）领域中留下了丰功伟绩，却几乎没有碰过概率论。那个时代，可以与欧拉、高斯比肩的数学家中只有拉普拉斯为概率论作出了突出的贡献，他对古典概率论进行了集大成的汇总。总结成一句话就是：概率论在数学中并非主流，它有时候更像是一种哲学。

近代统计学的创立

1900 年以后，统计学的快速发展也推动了整个世界的发展。哲学家耶安·哈金指出，在卡尔·皮尔逊发现卡方检验之后的发展中，统计学是 1900 年后人类的二十大发明之一。卡方检验是用途非常广的一种假设检验方法，它在分类资料统计推断中的应用包括：两个率或两个构成比比较的卡方检验，多个率或多个构成比比较的卡方检验及分类资料的相关分析等。

卡方检验就是统计样本的实际观测值与理论推断值之间的偏离程度，实际观测值与理论推断值之间的偏离程度就决定卡方值的大小，卡方值越大，越不符合；卡方值越小，偏差越小，越趋于符合；若两个值完全相等时，卡方值就为 0，表明理论值完全符合。

被卡尔·皮尔逊尊为“近代统计学之父”的，就是英国的约翰·格兰特（1620—1674），但格兰特并不是数学家。

格兰特出生于一个富庶的毛料商人之家，后来子承父业。格兰特早年当过首饰店的店员，利用业余时间自学拉丁语和法语，对美术也感兴趣。不仅如此，格兰特还加入过民兵队，官至大队长。格兰特并未在学校接受过有关数学及其他知识的教育，完全靠的是自学。

在1650年前后，格兰特和英国古典政治经济学的早期代表W.配第结交为友，共同成为最早运用数量分析来研究人口现象的学者。格兰特虽然不是一位杰出的数学家，但他却同时拥有知名度与行动力。显然，为了对统计结果进行数学性的理解，首先需要收集统计的数据。因此在数学家们上阵之前，第一步需要的是“政治性”的活动。

在统计学初期，的的确确需要格兰特这样的实践型人物。格兰特有效地利用了伦敦市年度死亡数据等各种数据，研究了有关死亡的法则，并将自己的研究成果整理成一本叫作《各种观察》的小册子，在1662年首度公之于众。

格兰特研究人口发展的规律，观察到出生婴儿中男婴比女婴多十三分之一。但是在现实生活中，出生的男子即使多于女子，由于男子遭遇车祸或死于航海居多，在婚姻年龄上，男女数量却大致相同。他在比较了出生人数和死亡人数后得出结论：伦敦市区的人口出生人数超过死亡人数，而伦敦郊区、农村的情况则相反，死亡人数超过出生人数。他还研究了造成这种现象的原因，观察到在引起死亡的原因中，如慢性病、事故、自杀等常有一定的比率。而像传染病瘟疫和恶性病的死因，则不一定具有稳定的比率。

他的成果中最为后世所称赞的，则是他编制了世界上第一份死亡表，见下表。

死亡年龄	100 人中的存活人数
0	100
6	64
16	40
26	25
36	16
46	10
56	6
66	3
76	1
86	0

这份表格虽然简略粗糙，却展示了出生的 100 个人中活到了表中显示的年龄的人数。这是史上首个死亡寿命表，

也就是现在我们所说的“生命表”的基础。

格兰特是基于伦敦当时约20年的记录，研究了死亡率后制作了这张表。这堪称一项划时代的历史性工作，因为格兰特是在遵从死亡法则的基础上进行了“概率性的研究”，制成了这张表，并在做出自己的死亡法则时使用了统计数据并予以公开。

他还根据对出生率和死亡率的分析，对当时服兵役年龄的男子数、育龄妇女人数、伦敦居民家庭数，甚至伦敦市的总人口数做出估计。格兰特是一位具有首创精神的学者，探讨了人口现象数量变化的内在联系，使人口统计学成为一门相对独立的学科。

本章谈概率论的简史，尤其是对于从概率论萌芽，直到莱布尼茨对古典概率论进行了融合后的19世纪的这段历史。概率论主要贡献人物生卒年月如下：

卡丹诺：1501—1576，意大利。

费马：1607—1665，法国。

约翰·格兰特：1620—1674，英国。

帕斯卡：1623—1662，法国。

惠更斯：1629—1695，荷兰。

雅各布·伯努利：1654—1705，瑞士。

亚伯拉罕·棣莫弗：1667—1754，法国。

蒙特莫特：1678—1719，法国。

丹尼尔·伯努利：1700—1782，瑞士。

贝叶斯：1702—1761，英国。

欧拉：1707—1783，瑞士。

拉普拉斯：1749—1827，法国。

高尔顿：1822—1911，英国。

你真的理解概率吗？

500 年来，在贪婪的赌徒、好奇的学者、天才的数学家及渊博的圣徒的共同驱动下，各种概率法则、风险管理工具相继问世。

当我们试图用概率来了解这个世界时，首先应对概率有一个清晰的认识。

可是，到底什么是概率？

很可惜，“概率”这一概念一直充满争议。

数学中，“概率”这个概念在 1654 年前是不存在的。1654 年，帕斯卡解释“赌徒分金”概念之后，概率的概念也不是立刻就使用了。

“概率”的英语单词是“probability”。当时，用来表示概率的是类似“运气”和“机会”这样的词语，尤其是在“机会的游戏”（英语表述为“game of chance”）中，使用的是“机会”这个词。用更为通俗的语言来表达“机会的游戏”的话，正是现在的“赌博”。帕斯卡和费马这两个当事人，并没有留下任何可以证明两人曾在数学中使用过“概率”这个词的证据。

“概率”一词历史悠久，非常重要，同时又容易搞混。事实上有很多意思与“概率”非常贴近的词，包括概率、不确定性、随机、机会、运气、幸运、命运、侥幸、风险、冒险、可能性、不可预测性、倾向和意外等。此外，还有一些概念表达了相似的意思，如怀疑、可信度、信心、真实性和可能性，外加无知和混沌。概率还有另一种数字表达方式，即“赔率”。在赌博、体育比赛和金融界，“赔率”一词被广泛使用，它仅仅是概率的另一种表达罢了。

法国数学家泊松曾建议用法语“chance”指代认识论概率，用“Probability”指代侥幸概率，但英语中并没有这样的区分。

甚至到了1954年，美国数学家、决策理论的先驱和贝叶斯定理的杰出倡导者伦纳德·吉米·萨维奇（Leonard Jimmie Savage）也不得不喟叹：“‘概率’到底是什么？这恐怕是人类建造通天塔以来，最众说纷纭、难以沟通的概念了。”

概率可以分为很多种。这里姑且给出两种非正式的定义：“该事件可能发生的程度”和“对该事件可能会发生的相信程度”。

尽管这两种定义有明显的差别，但奇怪的是，它们可以用同一种数学方式来表达。为了消除概率表达中模棱两可的现象，科学家定义概率值在 0 到 1 之间。“0”代表不可能发生的事件，“1”代表肯定能发生的事件。

不过由于人们依然使用同一个词，还是非常容易混淆。专业讨论通常会在概率之前加上定语，诸如偶然概率、主观概率、逻辑概率……从而明确所讨论的究竟是哪一种概率。

到了 21 世纪，小说家赫伯特·乔治·威尔斯在 1903 年所做的预言变成了现实。他是这样预言的：“统计式的思考将会和读写能力一样，成为优秀社会人士的必备技能。”

在高中，统计学被编进数学教科书中，以数学的身份教育着每一代人，但正如印度统计学家马哈拉诺比斯曾经强调的一样：“‘统计学不是数学中的一个领域’这样的说法才更准确，因为统计学的确是一门颇有特色的学问。”

第 4 章

黄金定理

1972 年夏天，演员安东尼·霍普金斯签下正式合约，同意在根据乔治·费弗小说《来自佩特罗夫卡的女孩》改编的电影《铁幕情天恨》中出演男主角。他前往伦敦，打算购买一本原著，但走遍伦敦各大书店，都没能找到这本书。

无奈之下，霍普金斯只能打道回府。可就在回程途中，当他在莱斯特广场地铁站等候时，看到邻座有一本被遗弃的书——《来自佩特罗夫卡的女孩》。

巧合的事情接踵而至。过了一段时日，当霍普金斯有机会见到原著作者费弗时，便将地铁站发生的这桩奇事告诉了对方。

费弗听闻后来了兴趣，他也讲述了一段趣事。1971 年 11 月，他将一本《来自佩特罗夫卡的女孩》借给了一位朋友——那本书是独一无二的，上面有费弗的批注，为了即将出版的美国版，他将所有的英式英语都改成了美式英语（如“labour”改成“labor”）——但他的朋友在伦敦贝斯沃特把书给弄丢了。霍普金斯快速翻了下其捡到的那本书中的批注，发现这正是费弗朋友弄丢的那本。

你可能会好奇：发生这种惊人巧合的概率有多大？百万分之一？十亿分之一？无论如何，这实在令人难以置信。仿佛冥冥之中有一股力量。

大数法则

“二战”期间的一个冬夜，德军轰炸莫斯科。有一位教统计学的老教授出现在防空洞里，以前他从不屑于钻防空洞。他的名言是：“莫斯科有800万人，凭什么会偏偏炸到我？”

老夫子的出现让大家甚感讶异，问他怎么会改变决心的。

教授说：“是这样的，莫斯科有800万人和一头大象，昨天晚上，他们炸到了大象。”

老夫子的滑稽，其实是所有“直觉型统计学家”的写照。

一位数学家调查发现，欧洲各地男婴与女婴的出生比例是22 ∶ 21，只有巴黎是25 ∶ 24，这极小的差别使他决心去查个究竟。最后发现，当时巴黎的风尚是重女轻男，有些人会丢弃生下的男婴，经过一番修正后，依然是22 ∶ 21。中国的历次人口普查结果也是22 ∶ 21。

人口比例所体现的，就是大数法则。

大数法则又称“大数定律”（Law of large numbers）或“平均法则”。在随机事件的大量重复出现中，往往呈现几乎必然的规律，这类规律就是大数法则。在试验不变的条件下，重复试验多次，随机事件的频率近似于它的概率。

大数法则反映了世界的一个基本规律：在一个包含众多个体的大群体中，由于偶然性而产生的个体差异，着眼在一个个的个体上看，是杂乱无章、毫无规律、难于预测的。但由于大数法则的作用，整个群体却能呈现某种稳定的形态。

花瓶是由分子组成，每个分子都不规律地剧烈震动。你可曾见过一只放在桌子上的花瓶，突然自己跳起来？

电流是由电子运动形成的，每个电子的行为杂乱而不可预测，但整体看呈现一个稳定的电流强度。

一个封闭容器中的气体，它包含大量的分子，它们各自在每时每刻的位置、速度和方向，都以一种偶然的方式在变化着，但容器中的气体仍能保有一个稳定的压力和温度。

某一个人乘飞机遇难，概率不可预料，对于他个人来说，飞机失事具有随机性。但是对每年 100 万人次所有乘机者而言，这里的 100 万人可以理解成 100 万次的重复试验，其中，总有 10 人死于飞行事故。那么根据大数法则，乘飞机发生事故的概率大约为十万分之一。

这就为保险公司收取保险费提供了理论依据。对个人来说，出险是不确定的；对保险公司来说，众多的保单出险的概率是确定的。

根据大数法则，承保的危险单位越多，损失概率的偏差越小；反之，承保的危险单位越少，损失概率的偏差越大。因此，保险公司运用大数法则就可以比较精确地预测危险，合理地厘定保险费率。

大数法则又称“平均法则”，是概率论的主要法则之一。此法则的意义是：在随机事件的大量重复出现中，往往呈现几乎必然的规律，这类规律就是大数定律。

通俗地说，这个定律就是在试验不变的条件下，重复试验多次，随机事件的频率近似于它的概率。再通俗一点儿来讲，就是样本数量很大的时候，样本均值和真实均值充分接近。这一结论与中心极限定理一起，成为现代概率论、统计学、理论科学和社会科学的基石。

· 骗术一定要高明才有效吗？

你是否收到过这类短信？

请直接把钱打到工商银行卡号 6220219……谢文军

这叫“撞骗”，是一种传统骗术。版本甚多，比如寄中奖信、打中奖电话、发电子邮件。

也就是骗子像没头苍蝇一样乱撞，“有枣没枣打一竿子”或许能“瞎猫捡个死老鼠”。

是不是觉得骗子很蠢？但骗子的行为却是合乎科学的，在数理上是被支持的。

只要发出的短信足够多，其成功率非常稳定，合乎大数法则。

福建的某个小镇，众多乡亲都从事这个行当，短信群发器在这个偏远小镇非常普及。当警察抓获了这批刁民后，奇怪的是，过了很长时间，居然还有人不断地往查获的卡上汇钱。

有人曾做过统计，类似这种垃圾短信，每发出 10000 条，上当的人就有七到八个，成功率非常稳定。人过 100，形形色色。10000 个人里面，总会有几个“人精”，几个笨蛋，这是可以确定的。当然，也肯定会有几个爱恶作剧的人。有人收到这种短信，会忍不住打电话调戏骗子。

究其根源，都是由于大数法则的作用。在社会、经济领域中，群体中个体的状况千差万别，变化不定。但一些反映群体的平均指针，在一定时期内能保持稳定，或呈现规律性的变化。

大数法则是保险公司、赌场、撞骗的骗子赖以存在的基础。

如果你被骗了，除了报警，还有一种办法可以用来保全财产。那就是，尽快拿骗子所发的银行账号登录网上银行，输入密码。当然，输入错误的可能性非常之大，三次输错，银行就会锁定该卡。如果骗子还没有来得及把钱划走，你就有望保全财产了。

· 有量有成交

大数法则不仅是保险精算中确定费率的主要原则，它还是推销员的制胜之道。

大数法则用在业务员的人脉管理上，就是结识的人数越多，预期能够带来的商业机会的比例越稳定。

比如说，一个推销员给自己定下任务，每年结识 300 个客户或潜在客户，并把关系维系好。那么，3 年后，他就有接近 1000 个“样本”。

如果 100 个客户里会有 3 个长期客户，3 年后，他就有 30 个能给他带来稳定收益的老客户。

欧洲有位大亨，每年都定下目标，要与 1000 个人交换名片，并与其中的 200 个人保持联络，与其中的 50 个人成为朋友。

鸟瞰红尘，人海茫茫中，却均匀地分布着你的贵人。

· 样本越大越稳定

30 多年前的一个下午，在芝加哥的一间咖啡馆里，特韦斯基和约翰 · 杜伊教授在悠然地喝着咖啡。特韦斯基貌似无心地问：

有两家医院，在其中较大的医院每天都有 70 个婴儿出生，而较小的医院每天有 20 个婴儿出生。众所周知，生男生女的概率为 50%。但是，每天的精确比例都在浮动，有时高于 50%，有时低于 50%。

在一年的时间中，每个医院都记录了超过 60% 的新生儿是男孩的日子，你认为哪个医院有更多这样的日子？

我们知道，大数法则需要很大的样本数才能发挥作用，基数越大，就越稳定。随着样本的增大，随机变量对平均数的偏离是不断下降的。所以，大医院更稳定。这一基本的统计概念显然与人们的直觉是不符的。

杜伊先生果然钻进了圈套，他认为较大的医院有更多超过60%的新生儿是男孩的日子。

再没有一种学问比概率更能让专家洋相百出了。一个整天向学生灌输大数法则的教授，自己居然不相信大数法则！

普通人又如何呢？

特韦斯基后来把这个问题做了严格的实验。22%的受试者认为较大的医院有更多这样的日子，而56%的受试者认为两个医院有相等的可能性，仅仅22%的受试者正确地认为较小的医院会有更多这样的日子。

抛10000次硬币的实验

1940年春天，南非数学家约翰·克里奇（John Kerrich）前往丹麦首都哥本哈根去看望自己的亲家。走完亲戚后，他打算飞往英格兰。然而，正在此时，德国人以闪电战的形式入侵了丹麦，克里奇也被抓到了集中营。

幸运的是，情况没有想象中那么糟糕，克里奇只是被关在日德兰半岛上一个由丹麦政府管理的集中营里。克里奇还是清楚地知道，往后的漫长时光里，自己都无法再进行学术研究了。这对一位学者来说，就像经历另一种刑罚——熬。

忽然，他想出了一个极好的点子——不妨做个数学研究——无须太多实验设备，但研究结果可能对大家都有启发。克里奇决定采用最简单的试验方法——抛硬币，根据它落地时的结果，对概率学展开综合性研究。

有道是“下雨天打孩子，闲着也是闲着”，克里奇鼓动三寸不烂之舌，让自己的一位狱友也加入这个乏味的实验，以打发这段失去自由的时光。

类似于抛硬币试验。统计学的先驱们曾经多次重复过抛硬币试验，克里奇早已通晓先贤们提出的概率学相关知识。现在，他拥有检验这些理论的宝贵时机，即通过大量简单的抛硬币试验，记录真实数据。那么，等到战争结束，再重回研究岗位，克里奇不仅拥有概率学的理论知识，还有检验其可靠性的现实证据。这将是一笔非常宝贵的财富！到那时，他再向学生们教授这一违背人类直觉的概率法则时，解释起来就会更有底气。

许多人可能已经预测到接下来实验的发展方向。统计学中著名的大数法则告诉我们，随着抛硬币次数的增加，正面朝上和反面朝上的次数会逐渐趋近于相等。关于“大数法则”这个概念，我们在后面会有详细的介绍。

克里奇发现，到第100次抛硬币时，正面朝上和反面朝上的次数非常接近，分别为44次和56次。随着抛硬币次数的增加，正面朝上的次数慢慢赶超反面朝上的次数。

等到第2000次时，正面朝上超过反面朝上的次数达26次。

第4000次时，正面朝上超过反面朝上的次数达到了58次，而且差距还在进一步拉大。

当抛硬币到第10000次时，克里奇终于宣布暂停。此时，硬币正面朝上5067次，超过反面朝上次数134次。

是试验有问题，还是大数法则出了问题？

都不是。

克里奇的试验中，随着抛掷次数的增加，反映试验结果的正反面次数差距实际上比之前更大了，但是，从整体来看，正反面的出现频率更接近了。试验结束时，这个频率的误差接近1%（50.67%正面朝上，49.33%反面朝上）。在这场抛硬币试验中，刚开始时，正面朝上的相对频率波动得很厉害，但随着次数逐渐增加，波动的幅度越来越小，且逐渐接近50%。

大数法则真正要告诉我们的是：想理解某事件的发生

概率，就不应只关注某个单独案例，而应关注该事件在整体中的相对出现频率。

险些被掩埋的“黄金定理”

雅各布·伯努利（Jakob Bernoulli）于1654年生于瑞士，他没有遵照父亲的意思去当律师或经商，而是自学成为一名数学家。

雅各布和牛顿生活在同一时代，他有着伯努利家族传统的坏脾气和傲慢的心态，他认为自己和牛顿不相上下。

■雅各布·伯努利（Jakob Bernoulli）

雅各布生活的时代，是一个牛人辈出的时代。例如约翰·阿布斯诺特（John Arbuthnot），他是皇后安妮的医生，也是皇家学会的会员，同时还是一位业余数学家。他对概率十分感兴趣，可以用丰富的病例来阐述自己的观点，这也促成了他对概率的兴趣。在他的一篇论文中，他研究了“20岁的妇女是否有处女膜”的概率及“20岁的花花公子没得淋病”的概率。

雅各布·伯努利出生在瑞士一个竞争过度的数学世家，他是家中长子。这个家族三代人中共走出了8位杰出数学家，他们为应用数学和物理学奠定了坚实的基础。与其他家族亲人之间为钱财争得头破血流不同，伯努利家族的亲人之间经常为了争夺各种理论的发明权，闹得不可开交。

雅各布20多岁时就开始涉猎最前沿的概率理论，并对该理论的应用前景十分痴迷。他认为概率论不仅能用于赌博，还能预测寿命。但同时他也认识到，概率论中有一些大漏洞需要修补，且不仅仅是精确阐述概率的概念。

最早的大数法则的表述可以追溯到公元1500年左右意大利数学家卡丹诺就指出了用相对频率描述随机事件的便利性。雅各布决定尽到数学家的义务，努力丰富概率的定义。但是，他很快意识到这项任务比想象中复杂得多，他将面临巨大挑战。

如果我们想确定某件事的概率，掌握的数据越多，估算就越准确。那么，我们究竟需要多少数据，才能最终确定地说出我们知道这个事件的概率？如此一来，这个问题就有意义了。

有没有这样一种可能——概率本来就是一个我们永远无法精确了解的变量呢？

尽管雅各布是他所处时代最有才华的数学家，依然花费了长达20年的时间才解开了概率的谜题。他证实了卡丹诺的猜想，认为相对频率对于理解抛硬币之类的随机事件很有意义。

也就是说，他成功确定了“它最终将趋于平均”这一含糊表述中“它”的真实身份。因此，雅各布确定并证明了大数法则的正确版本，指出了相对频率（而非单个事件）才是大数法则的关注重点。

但故事还远没有结束。雅各布也证实了一个仿佛“不言自明”的事实，即确定概率时，数据越多越好。具体来说，他证明了随着数据的累积，测出的频率与真正的概率差距会越来越小（如果你觉得这不足为奇，那么恭喜你，你已经明白了为什么数学家把雅各布的定理称为“弱大数法则”；而更令人印象深刻的“强大数法则”直到1个世纪后才被证明）。

从某种意义上来说，雅各布的理论是对随机事件常识直觉的一种罕见确认。正如他自己曾直截了当地指出，“即便是最愚蠢的人”都知道数据当然是越多越好。但再深入思考一下，雅各布的理论实际上揭示了随机事件存在一个典型的微妙之处：我们永远不能完全确定地“知道”某件事的真正概率。我们能做的就是收集足够多的数据，推测合理的概率，减少不靠谱的概率。

雅各布也意识到自己的证明一点儿也不寻常，因此将其命名为“黄金定理”。他为概率学和统计学的形成与发展奠定了基础，随机产生的原始数据开始呈现出可靠的意义。

数学家这种对论证过程的特有偏执帮助雅各布取得了成功，于是他又开始整理思绪。不久后，他的伟大巨著《猜度术》（Ars conjectandi）诞生了。雅各布迫切想知道自己发现的黄金定理实际功效如何，于是开始将其应用于现实问题。而此时，他的定理逐渐失去了一些光彩。

雅各布的定理表明，只要有足够的数据支持，概率就会变得可靠。那么问题来了：多少数据算“足够”？

为了把事情弄清楚，雅各布决定用自己的定理来解决一个简单问题。假设有一只巨大的罐子，里面放着 2000 颗黑石子和 3000 颗白石子。如果随机取出一个石子，得到白石子的概率是3000/5000，也就是60%。但如果我们不知道罐子里面黑白石子的比例，如何求得取出白色石子的概率？我们要取出多少颗石子，才能确信计算概率非常接近真实概率？

雅各布用数学家的典型思维方式指出，在应用黄金定理前，必先明确两个概念——“非常接近”和“确信”。“非常接近”意味着计算概率的误差小于5%，甚至小于1%；而“确信”与否，则取决于我们的计算结果能否在大量数据的检验下，依然维持较小的误差。

也许我们想确信10次里有9次与真实概率相符（即90%的可信度），或者100次中有99次与真实概率相符（即99%的可信度），抑或更可靠些。当然，在理想情况下，我们希望有100%的可信度。但黄金定理表明，受概率影响的事件中，这种理想的可信度很难达到。

黄金定理似乎抓住了精度和可信度的关系，它不仅适用于解决从罐子中随机抓取黑白石子的问题，还适用于其他随机事件。因此，雅各布想解决另一个问题：在不知道罐子里黑白石子数量的情况下，需要取出多少个石子才能99.9%地确定两者的比例，并保证计算结果与真实数字之间的误差在2%以内。

将上述数据代入黄金定理之后，雅各布开始了数学运算，得到的答案令人震惊不已——如果通过随机取出石子，并达到预想的可信度和精度，必须抽取超过 25000 次石子，才能有较大把握确定黑白石子的比例。

这不但令人绝望，甚至可以说是个可笑的天文数字。它意味着随机抽样法在衡量相对比例方面作用甚微，即便是只装有几粒石子的罐子，我们也必须重复好几轮，直到抽样超过 25000 次，才能较为准确地确定黑白石子的相对比例。

显然，25000 次的抽样数过于巨大，还不如直接把罐子里的石头倒出来数来得简单。对于雅各布如何看待这种估算结果，历史学界众说纷纭，但大多数人认为雅各布当时应该十分失望。

有一个确定的事实是，解决这个简单问题后，雅各布又给自己的巨作新增了一些内容，之后便终止了研究。《猜度术》一直没得到学界的重视，直到 1713 年——雅各布去世 8 年后才得以出版。我们不得不怀疑，雅各布对黄金定理的实用价值失去了信心。

显然，雅各布很希望用自己的定理解决更有意思的问题，包括法律争端，特别是那些需要证据、超越正常认知的案件。在给德国杰出的数学家戈特弗里德·莱布尼茨的一封信中，雅各布似乎表达了对黄金定理不堪大用的失望。在信中，他承认很难为该定理的应用找到“合适的例子”。

不管真相如何，至少我们知道雅各布的黄金定理在概念层面取得了突破，但要真正用于解决实际生活问题，还需进一步论证。

在雅各布逝世后，牛顿的至交好友、杰出的法国裔英国籍数学家亚伯拉罕·棣莫弗，完成了从理论到实际应用的突破——他用极少的数据就能应用黄金定理。

事实上，该定理真正的问题并不像雅各布以为的那样，存在于定理本身。

雅各布所要求的可信度和精度，在他看来或许十分合理，但对其他人和生活本身而言，他的标准实在过于苛刻。即便用黄金定理的现代版本，要确定符合雅各布要求的黑白石子数量，还是要随机从罐子里抽取 7000 次石子，才能得到黑白两色石子的相对比例，而 7000 次依然是个庞大的数字。

奇怪的是，雅各布并没有如大家预料的那样，降低可信度和精度后重新进行运算。即便是黄金定理的最初形式，也对所需数据量有深刻影响；如果使用黄金定理的现代版本，这种影响会更为显著。

如果雅各布依然坚持 99.9% 的可信度，但适当把精度误差从原来的 2% 放宽至 3%，可以将抽样数减少一半以上，降到 3000 次左右。

或者，坚持误差范围为 2%，而把可信度降低到 95%，那么抽样会下降到 2500 次左右，仅为他估算抽样数的 10%。如果将两个标准都略微放宽，抽样数又会下降到 1000 次。

虽然我们在可信度和精度方面放宽了标准，但得出的结果显然还远远低于雅各布最初估算的 25000 次。如果雅各布还活着，也许他依然会拒绝降低标准。但不幸的是，我们可能永远无法得知他的真实想法了。

今天，95% 的可信度已经成为许多由数据推动的学科的实际参考标准。不论是经济学还是医学，均沿用了这一标准。民意调查组织将它与 3% 的精准度误差相结合，因此民意调查的样本数量标准一般为 1000 左右。尽管它们的应用范围很广，但我们必须牢记：这些标准是为“实用性”设定的，而非通过“严肃科学求证”得出的结论。

雅各布的黄金定理说明，当我们试图衡量概率的影响时，往往无法达到理想的可信度。因此，我们只能在搜集更多证据和降低标准之间进行取舍和妥协。

雅各布教授自己的弟弟约翰数学，约翰和雅各布一样聪明，也是个对名声的追求近乎病态的人。

雅各布和弟弟约翰有一个习惯，就是对一个问题有竞争性地进行研究，并且在媒体中无情地攻击对方。

雅各布虽然发现了大数法则，但由于兄弟俩在科学问题上过于激烈的争论，致使双方的家庭也被卷入。以至于雅各布死后，他的《猜度术》手稿被他的遗孀和儿子在外藏匿多年，直到1713年才得以出版，这几乎使这部经典著作的价值受到损害。

《猜度术》是雅各布·伯努利一生最有创造力的著作。在这部著作中，他提出了概率论中的“黄金定理”，该定理是“大数法则”的最早形式。

由于“大数法则”的极端重要性，1913年12月，彼得堡科学院曾举行庆祝大会，纪念“大数法则”诞生200周年。

《猜度术》是概率论的第一部奠基性著作，所含概率思想具有划时代的重大意义，可谓对概率论作出了决定性的贡献，推进了概率论的进一步发展。《猜度术》的出版是概率论成为独立数学分支的标志。

小数法则

大数法则是统计学的基本常识，有人称之为“统计学的灵魂”。大数法则虽然威力无穷，但普通人却常常忽视。

针对人们在思考时常常无视大数法则的现象，特沃斯基提出了“小数法则”的概念。“小数法则”不是什么定律或法则，而是一种常见的心理误区。

用错误的心理学“小数法则”代替了正确的概率论大数法则，这是人们赌博心理大增的缘由。

小数法则是一种心理偏差，是人们将小样本中某事件的概率分布看成是总体分布。人们在不确定性的情形下，会抓住问题的某个特征直接推断结果，而不考虑这种特征出现的真实概率及与特征有关的其他原因。

小数法则是一种直觉思维，很多情况下，它能帮助人们迅速地抓住问题的本质并推断出结果，但有时也会造成严重的偏差，特别是会忽视事件的无条件概率和样本大小。

第5章

流言、迷信与“伪因果”

为事件建立因果关系，是我们人类的本能。

我们知道窸窣作响的草丛意味着有猛兽正虎视眈眈，下游远端传来的雷鸣般的轰隆声意味着我们正在逼近瀑布。探究事情的起因，寻找相应的模式，是我们人类的生存本能。

我们会留意先后顺序，发现事件A发生后，事件B往往紧随其后。例如，我们注意到不看路就走到马路上的人往往会被车撞，乌云密布总是意味着雨水即将来临。

我们察觉到的很多模式都是建立在因果关系的基础上，否则，我们恐怕早就灭绝了。

货物崇拜

20世纪40年代，日军曾驻扎在西南太平洋一个偏远的岛屿，叫作拉尼西亚岛。岛上的土著居民在此之前从未见过现代文明，所以，他们对日军和他们带来的东西非常惊奇。

他们发现日军修建了机场跑道和控制塔，戴着耳机的士兵对天呼叫，然后满载着大量货物的“大铁鸟”便从天而降。当“铁鸟”降落后，便有货物从中卸载。

日本投降以后，盟军也在这个岛屿上驻扎了一段时间。岛上的土著发现，伴随一些古怪行为，会发生“大铁鸟”从天而降的现象，“铁鸟”肚子里面装载着大量外来物品——罐头、食物、衣服、车辆、枪支、收音机、可口可乐等——被新来者称为“货物”。当有飞机送来补给后，盟军甚至会分发一些东西给岛上的土著。这些现代社会才有的物品为岛民们带来了极大的快乐，他们把这些驻军当作神。

终于，有一天，盟军也离开了，“大铁鸟”也不再回来了。为了再次得到那些神奇的货物，拉尼西亚岛上的土著居民用竹子建造了自己的跑道、控制塔，让他们的头领登上平台，并让他戴上用椰子做的耳机。但无论他们如何努力尝试，“大铁鸟”再也没有回来。

几十年后，人类学家进行田野调查，再次发现了与世隔绝的拉尼西亚岛。岛上的土著居民还保留着一种宗教仪式——他们用稻草和椰子修筑了跑道，用竹子和绳索建造了控制塔，并且打扮成战时士兵的模样。他们头戴用木头雕刻而成的耳机，在“跑道”上模仿指挥飞机着陆的动作。

人类学家把岛上居民的这一奇怪的宗教仪式命名为“Cargo Cult”，即货物崇拜。

人类行为中存在着大量的“货物崇拜”，不论是创业还是经营，只看到形式，却看不到背后的资源与条件。

人和动物都会迷信

世事无常，变幻莫测。我们想知道事情为何会发生，找到因果关联，了解我们所观察到隐藏在现象背后的规则，以获得一种答案，因此对于事情的发生可能纯属偶然这一理念会本能地排斥。毕竟，如果事情只是没来由地发生，就不可能操控结果。疾病、事故及失败不可避免，我们将一直生活在未知中，担心无法预测的灾难可能会随时降临。

人类的这一思维模式，既有可能产生积极的后果，也有可能产生消极的后果。

起初，人们发现肺癌与吸烟相关联，后来的生物学调查研究证明，两者之间确实存在因果关系。又如，医学观察显示肥胖与心脏疾病有关，随后的实验也证实了这种关联性。

可并非我们观察到的所有模式都具有必然的因果关系。有时候，这些模式的出现纯属巧合。

人们总是试图找出偶然事件背后可能存在的神秘力量，这种冲动往往是迷信、预言、流言、超心理学解读等现象形成的原因。

那些偶然发生、找不到任何原因的模式通常就构成了迷信的基础：明明没有因果关系却坚信有，如认为用力摇骰盅就更容易摇出六个 6。

动物也会出现“迷信”行为，行为学家斯金纳（B.F. Skinner）将一群饥饿的鸽子放在一个箱子里，并在箱子中安装了一个能定时分发食物的装置——无论鸽子在干什么，该装置都不会受到干扰。

斯金纳通过观察发现，鸽子似乎认为分发食物和自己当时正在做的某个动作有关，因此它们会不停重复这些动作，以期得到更多的食物。斯金纳写道：这次的实验或许可以证明某些迷信形成的原因。鸽子似乎觉得自己的行为与食物的出现存在因果关系，可实际上这种关系是不存在的。

流言是怎样产生的?

一些流言，也是因为这个逻辑而产生。

2008年起，英国政府宣布，对年满12周岁的女孩实施预防人乳头状瘤病毒（HPV）的疫苗接种，因为该病毒是造成宫颈癌的主要诱因。这项利国利民的计划，预计每年能挽救数百名女性的生命。

然而，计划启动后不久，媒体似乎找到了令人信服的证据，显示人们对这项接种计划的看法似乎有些盲目乐观。媒体报道了有关娜塔莉·莫顿的悲剧事件，这名14岁的女孩在注射疫苗后几个小时内便不幸离世。

英国卫生局对该事件的回应是：检查库存，召回可疑疫苗。

对很多人而言，卫生局采取的措施还远远不够：他们希望取消这项大规模的疫苗接种计划。这合理吗？有些人秉持防患于未然的原则，坚信“宁可事先谨慎有余，不要事后追悔莫及”。

一些观点甚至认为：“HPV疫苗是最恶劣的医疗谎言

和欺骗，这个疫苗不但无效，还极度危险。它的效果只有0.2%，并且会带来各种严重的副作用。”

这个案例的危险之处在于，解决了一个问题又衍生了新的问题。立即停止该计划固然能消除接种者的死亡风险，但宫颈癌的问题仍悬而未决。

这里还有个陷阱，逻辑学家称之为“Post hoc，ergo propter hoc”，即“它在那之后而来，故必然是从此而来”。这种逻辑认为，因为A先于B，所以A引起B。

娜塔莉的案例中，逻辑陷阱在于：因为她死于接种疫苗之后，于是就推定接种疫苗是其死亡的原因。不可否认，真正的原因总是发生在前，它们导致的后果发生在后，但逆向推导存在一定的逻辑陷阱。比如，鸡叫后天亮了，我们不能就此断定鸡叫导致了天亮。

退一万步讲：娜塔莉的死的确是由接种疫苗引起不良反应导致的。我们理解此类事件的最好办法是聚焦相对比例，而不是关注个案。

那什么是相对比例呢？在娜塔莉的死讯传来之时，已有80万名女孩注射了同样的疫苗，这意味着该事件发生的相对频率约为百万分之一。正因如此，在面对来势汹汹的“反疫苗运动”时，虽然英国政府宣布召回问题疫苗，但仍然继续实施了接种计划。如果娜塔莉确实不幸成为疫苗罕见的牺牲品，那政府的做法也属于对该事件的理性回应。

媒体落入逻辑陷阱中无法自拔，而最终的官方调查发现，娜塔莉的死因源于她胸部的恶性肿瘤，与疫苗本身无关。无论如何，无定律的第一定律相关知识都显示，英国当局采取的措施十分正确，即迅速处理可疑的疫苗，而非废除整项计划。

被吊死在肉钩子上的屠夫

在 2014 年 12 月 6 日，豫东南一个仅 5000 人的小镇，发生了一宗诡异命案，惊动了豫、皖、鄂三省的刑侦专家。

这天早上，镇上的屠户王某，让妻子孙某接替自己卖猪肉，自己回家吃早饭。

过了将近一个小时，王某仍未回来替换妻子。妻子打他的手机，手机已关机。于是，妻子回家去催他。

妻子回到家中，发现屠夫正被吊在一个平时挂生猪的肉钩子上，腿上有铁链捆绑，手被绳子反缚。妻子急忙把他抱了下来，发现他脖子上有勒痕，人已断气。

死者早饭仅咬了一口馒头，稀粥还在旁边放着。

很快，几辆警车来到了镇上。

屠户的妻子作为嫌疑人被隔离审讯。主要因为，报案者不是妻子，而是死者的叔叔，这引起了警方的怀疑。

经过侦查，妻子孙某既无作案时间，又无作案可能，因为死者体格壮硕，非几个壮汉无法将其制服。

一时间，流言四起。群众纷纷猜测，这种杀人手法，应该是职业杀手所为。而这种带有羞辱性的杀人方式，应该出自仇杀。因为死者家住在河边，群众猜测杀手行凶后已经从容渡河离开。传闻死者生前曾喂过五条大狗，在死者出事前都被人先后下毒毒死了。这就更印证了蓄谋杀人的猜测。

但警方并未轻信这些猜测，而是进行了深入全面的侦查摸底工作，还请来了省公安厅的刑侦专家协助侦破此案。

尽管流言纷纷，甚至有指责警方无能的声音，但事实上这个案子已经破了。

那就是死者死于性窒息。

性窒息是一种比较罕有的性变态行为，又称“窒息式自慰”“色情自虐”“自淫性窒息”（autoerotic asphyxia）等。当事人大都是独自一人在偏僻、隐蔽的地方，并常以十分奇异和复杂的方式绑缚自身的躯体和四肢，从而主动引起窒息导致缺氧，如采用绳索、长袜、围巾、领带、皮带、头巾等缢颈，或用橡皮囊、塑料口袋、面罩等罩住口鼻，造成窒息状态，从而刺激其性欲、增强其性快感并达到性高潮。据说，美国每年约有500人死于与性窒息相关的事故。由于群众很少见到这种死法，警方又不便公布细节，所以才流言纷飞。

《使命召唤》魔咒

2014年5月，英国曼彻斯特郡的小城黑尔发生了一起悲剧：16岁的威廉·孟席斯在自己的卧室窒息而死，经鉴定为自杀。孟席斯是个名副其实的优等生，此前并无任何异常行为。

验尸官注意到了某些令人感到不安的事实，他近期处理的另外3起青少年自杀惨剧都有一个共同点：他们都是在玩了同一款游戏后，产生了自杀行为。这款游戏正是曾风靡一时的射击类游戏《使命召唤》(Call of Duty)，玩家在这款游戏中以第一人称参与虚拟战争。

《使命召唤》以身临其境的现场感赢得了全球数百万玩家的青睐，但同时也招致了不少批评。2011年7月，欧洲发生了一起最惨烈的恐怖袭击，挪威右翼极端分子安德斯·布雷维克枪杀了77人。被捕后，布雷维克宣称，在实施这起惨绝人寰的恐怖袭击前，他一直用《使命召唤》进行训练。是否因为《使命召唤》太过真实，导致玩家像经历了一场真实的战争那样产生心理疾病，比如创伤后应激障碍（PTSD）、抑郁症，从而产生厌世的念头进而采取过激行为？验尸官担心这款游戏会导致这样的后果，于是发出警告，敦促家长们让孩子远离此类游戏。

然而，这一逻辑并不能让所有人信服。牛津互联网研究所的实验心理学家安德鲁·普日比斯基博士就对此持怀疑态度。他指出，英国有数百万青少年都在玩《使命召唤》，自杀的青少年中正好有人在玩这款游戏实在不足为奇。

普日比斯基博士还打了一个比方：如果按照验尸官的推论，很多青少年都穿牛仔裤，因此不排除这样一种可能，即自杀的青少年也爱穿牛仔裤。能否就此得出“穿牛仔裤导致自杀”的结论？

很明显，这样的结论站不住脚。首先，他们只关注了X事件与Y事件存在联系。也就是说，最近超高青少年自杀率背后的原因可能是他们玩《使命召唤》，但我们凭什么就断定这一自杀率达到了“超高”的标准？唯一的办法是将它放入宏大的背景中，也就是将最近玩《使命召唤》并且自杀的青少年数量，与同样在玩这款游戏但没有自杀的青少年数量进行对比。如果青少年玩《使命召唤》是普遍现象，而且更多青少年感到很快乐，那么验尸官的推论就不成立。

从这起事件中，我们得出一个结论：不能想当然地认为X事件必然导致了Y事件，尤其当X事件是个普遍现象时。反过来也一样：如果某个结果是个普遍现象，就不要轻易将它归咎于某个具体的表面原因。如果该结果十分普遍，诱因很可能是多方面的。

第6章

宛如天启的预言

预言，就是尝试预测未来。很多时候，人们所说的预言指的不是通过科学规律对未来所做的计算而得出的结论，而是指某人通过非凡的能力出于灵感获得的预报。

预言通常采取晦涩的言辞，其语义可以有多种不同的解读。

吕底亚国王克罗伊斯曾询问德尔菲神庙的一位灵媒，自己是否应该攻打波斯。灵媒称如果克罗伊斯过河，就会有一个伟大帝国灭亡。克罗伊斯认为这是吉兆，按计划出兵——结果是他自己的帝国被波斯人灭亡。

圣经密码

据说，希伯来《圣经》中包含能够预测未来的隐秘信息。如《旧约·创世记》开头每隔50个字母跳读，就可以拼出希伯来语“Torah”一词，意为摩西五书。这一发现由来已久，其他圣书也有过类似的发现。

20世纪90年代后期，随着迈可·卓思宁（Michael Drosnin）所著《圣经密码》（The Bible Code）一书的出版，人们对这一现象的兴趣激增。但真相恐怕要让卓思宁失望了，从概率论的角度讲，并不存在隐秘信息——只有数据挖掘机在发挥作用。

《圣经》是由很多字母组成的，因此可以找出很多有意义的组合。我可以用手指随便指出《圣经》中的一个字母，从这个字母开始，寻找各种不同的组合。如采用“等距离字母序列”法，只要每一页每一行的字母能够对齐，就按照水平、垂直或者对角线方式，每隔几个字母挑出一个。潜在的序列和模式无限多，所以如果没有出现任何有意义的字母序列，才奇怪呢。

尽管闪电令人生畏，但真正被雷电击中的概率极低，而因此导致死亡的概率更是微乎其微。事实上，气象学家估计，地球上每人每年被闪电击毙的概率为1/300000，非常低。但地球人口数在70亿左右，是个非常大的数字——甚至可以算是巨数。

地球上这么多人，每个人被闪电击毙的概率是1/300000，所以我们得做好有人被闪电击毙的心理准备。而据估计，每年因为闪电造成的死亡事故约为24000起。

诺查丹玛斯与数据挖掘机

诺查丹玛斯，是一位16世纪的法国药剂师、治疗师兼术士。在他出版的一系列历书和四行诗中写下了很多预言，以疫情、地震、战争、洪水等灾难为主。

这些预言全都含糊不清，没有指明具体的事件。并且诺查丹玛斯预言的灾难都发生在遥不可及的未来——这招很高明，因为没人能在你生前驳斥你。更值得一提的是，很多诺查丹玛斯的追随者也对其预言的结果各执一词。模棱两可无悬念地胜出！

如果简单地将《烧饼歌》《推背图》和诺查丹玛斯的预言判定为文字游戏和暧昧的谶语，那么《徒劳无功》这本小说则及其准确地预言了泰坦尼克号的沉没。

“冰海沉船”事件的神奇预言

1912年的“泰坦尼克”号的冰海沉船事件，早在14年前出版的一本书中就被准确预言了，而且细节描述之精准，几乎与现实情况一模一样。这本书就是美国作家摩根·罗伯森先生于1898年出版的短篇小说《徒劳无功（或泰坦沉没）》。小说讲述了水手约翰·罗兰登上了全球最大的轮船远航，轮船不幸于4月的某个晚上在北大西洋撞上冰山，沉没海中，许多人因此丧生的悲剧故事。

小说中，这艘巨轮的名字叫“泰坦”号，更离奇的是，小说中的巨轮长240多米，吨位与“泰坦尼克”号相近，两艘巨轮都被誉为“永不沉没的豪华巨轮”。船上装备了当时力所能及的一切华贵设施，满船装载的都是有钱的乘客，人们在这艘巨轮上尽情地享受。但是，这艘巨轮首次出航就在途中撞上冰山，不幸沉没，众多乘客葬身海底。除此之外，小说中也指出，船上配备的救生艇数量不到所需数量的一半，甚至连撞上冰山的部位都和“泰坦尼克”号一样——右舷，而悲剧发生的原因都是救生艇的数量不够。

小说中的情节的确和“泰坦尼克”号的真实灾难有太多令人震惊的巧合之处，但也有很多地方是不相同的。其中之一就是，“泰坦尼克”号并不是在距离新大陆400英里的地方，以时速25海里撞到了冰山，而是在距离新大陆400英里的地方，以23海里的时速撞上了冰山。不过，这样的不同之处听起来，更多的像是惊人的巧合吧。

1912 年的冰海沉船事件发生之后，该小说立即被誉为“令人惊异的预言小说”。这样的巧合令人印象深刻，甚至不免让人怀疑“泰坦尼克”号就是参考摩根·罗伯森的书建造的豪华邮轮。

事实上，罗伯森被称为“航海小说家”，也就是说，他在航海领域有着丰富的专业知识。当罗伯森打算写一个有关巨轮失事的悲剧故事时，许多相关知识与猜想，会促使他构思的情节与真实的“泰坦尼克”号事件相似。如果他写作时只是天马行空，而不符合时代背景，那就有负于“航海小说家”这个名头了。

这部小说创作的时候，世界各国都在竞相建造豪华巨轮，他们都希望能造出“大西洋上最快的邮轮”，赢取举世瞩目的“蓝丝带”荣誉。

19 世纪的最后 10 年里，邮轮的船身长度已突破 170 米，甚至已经有国家造出了 200 米长的巨轮。因此，故事设定邮轮长度为 240 米，显然在短期内也不难达到。如果有什么事物能撼动这样的巨无霸，最可能想到的威胁就是坚硬的冰山了。

同样，救生艇准备不足也是很容易想到的一环：基础配备未能跟上船体的疯狂增长速度是当时人们热议的话题。

而接下来，哪一侧撞上冰山？这个问题和抛硬币一样，命中率高达50%。至于罗伯森给这艘失事巨轮命名为“泰坦”号，似乎更加不足为奇了，毕竟要给这样的庞然大物取名，叫“泰坦”号显然比“土行孙”号更合逻辑。

冰海沉船事件之后，作者摩根·罗伯森收到数以百计的孤儿寡母的哭诉信，他们在信中指责说：是罗伯森小说中的恶毒诅咒才使他们的亲人遭此灾难。

也许是不堪这种压力，1915年3月24日，罗伯森自杀于美国新泽西州大西洋城的一间酒店客房中，时年53岁。他自杀的原因众说纷纭，有人说是枪杀、有人说是服用了过多的药物，但具体事实已无从考证，他的死因已成为百年谜团。

珍妮·狄克逊效应

珍妮·狄克逊是20世纪美国最著名的占星家之一。

珍妮·狄克逊是一名德国移民后裔，1904年出生于威斯康星州，成长于密苏里州和加利福尼亚州。她的父亲在加利福尼亚州南部与人合伙开了家汽车商行。

珍妮·狄克逊声称，在加利福尼亚州时，曾有一个吉卜赛人给了她一个水晶球，并在看过她的掌纹后预言说她将成为一个出色的先知，给高官提供顾问咨询。1939年，珍妮·狄克逊嫁给詹姆斯，终生无子。

20世纪中期，她在报纸上撰写占星术专栏，大获成功。1965年，一本为其撰写的传记《预言天赋》的出版使其名声大噪。该传记销量超过300万册。珍妮·狄克逊信奉罗马天主教，声称其预言天赋是拜上帝所赐。

珍妮·狄克逊因预言约翰·肯尼迪遇刺而知名。在1956年5月13日版的一份杂志上，她写道：1960年的总统选举将由民主党人当选，但该总统在第一届任期内就会遭到暗杀或者死亡。

后来她承认，在1960年的总统选举中，她预言到理查德·尼克松当选，并明确预言约翰·肯尼迪将败选。在1956年的声明中，她只是说一个总统在任期内将遭到暗杀或者死亡，倒不一定是本届总统。珍妮·狄克逊的很多预言错误，比如她声称中国外岛金门和马祖的争执将引发第三次世界大战，比如她预言美国工会主席沃尔特·卢梭将参加1964年的总统选举，再比如她预言苏联将首先实现载人登月。

通过强调一些正确的或者仅仅是巧合的预言，并忽略那些错误的预言，使她获得了名望。这种现象被称为“珍妮·狄克逊效应”。

珍妮·狄克逊出过 7 本书，其中包括一本自传、一本占星的狗和一本占星食谱。

理查德·尼克松总统曾称珍妮·狄克逊为“预言家”，并下令对她预言的一起恐怖袭击做好准备。

珍妮·狄克逊还是在罗纳德·威尔逊·里根任期内给南希·里根提供建议的占星家之一。数学家约翰·艾伦·保洛斯提出了“珍妮·狄克逊效应”这一概念，指只宣扬一些正确的预言而忽略大量错误预言的倾向。

1997 年，珍妮·狄克逊死于心血管疾病，享年 93 岁。

第7章

从钟表宇宙到概率宇宙

17世纪到20世纪初，科学家在了解自然运行方面取得了巨大进展。他们确立了各种定律以描述行星在太空中的运动、电荷的流动、气体的扩张和压缩、彩虹的颜色及其他很多物理现象。对自然的深入理解不仅赋予了人类预测的能力，还促进了新科技的发展，使得人类得以操控自然。

这些科学定律都具有确定性，事实上是数学方程式告诉我们自然界的物体是如何表现的。只要知道某个物理系统的初始状态，我们就可以借助牛顿定律、气体定律、麦克斯韦方程组等，去了解该系统是如何随着时间的推移演变的，以及后来又会发生什么。从科学的角度出发，宇宙中不存在不确定或者不可预知的事情，至少原则上是如此。

而以这些定律为基础发展起来的科学技术取得了巨大的成功，表明它们大体是对的。

拉普拉斯妖

拉普拉斯妖（Démon de Laplace）是由法国数学家皮埃尔－西蒙·拉普拉斯于1814年提出的一种科学假设。此"恶魔"知道宇宙中每个原子确切的位置和动量，能够使用牛顿定律来展现宇宙事件的整个过程、过去及未来。

拉普拉斯坚信决定论，他在他的概述论（Essai philosophique sur les probabilités）导论部分写道：

"我们可以把宇宙现在的状态视为其过去的果及未来的因。如果一个智者能知道某一刻所有自然运动的力和所有自然构成的物件的位置，假如他也能够对这些数据进行分析，那宇宙里最大的物体到最小的粒子的运动都会包含在一条简单公式中。对于这智者来说，没有事物会是含糊的，而未来只会像过去般出现在他面前。"

这里所说的"智者"即后人所说的"拉普拉斯妖"。

这种自然观有时候被称为"钟表宇宙论"，即宇宙是按照已确定轨道运行的，如同钟表般精准。任何你无法预测的事——如闪电——在原则上都是可以预测的。你无法预测只是因为无知，或者不了解导致事件发生的条件，或者不清楚事件发生的过程。而随着科学的发展，此类无知会渐渐消失。

但这种观点逐渐出现细微的瑕疵。进入20世纪后，这些看似微不足道的瑕疵慢慢发展成为无法忽视的罅隙。宇宙似乎不是确定好的，其本身就具有随机性和偶然性。

人们对宇宙的看法，从确定性"钟表宇宙"慢慢转向了到不确定"概率宇宙"。这种转变始于100多年前，时至今日，已接近完成。我们生活在一个偶然和不确定性主宰的宇宙。但正如我们所看到的，偶然也有其专属法则，这些法则构成了概率的基础。

均值回归

"均值回归"这一概念大约出现19世纪，由达尔文的表兄弟，英国维多利亚时期的著名科学家弗朗西斯·高尔顿（Francis Galton）提出。

高尔顿才华横溢，是现代科学的奠基人之一。他那个年代的科学并不像今天这样有明确的分类。高尔顿在很多领域都取得了非凡成就，包括统计学、气象学、犯罪学、心理测量学、人类学和遗传学领域。

高尔顿发现，父母个子高，孩子的个子未必高；父母个子自矮，孩子的个子也未必矮。有些父母都很高大，他们生下的孩子虽然也很高，但往往比父母更接近身高平均值。同样的，偏矮的父母生下的孩子身高往往低于平均值，但比父母高。其他遗传特征也有类似的情形，似乎有某种生物机制将一代又一代人拉回到平均身高值。

他最初将其称为“趋于平庸法则（regression to mediocrity）”。

高尔顿的天才就在于他意识到这种将事物拉回平均水准的力量不过是一种统计选择现象。

不过，与遗传因素相比，随机性的影响力有多大呢？

单凭数据，高尔顿无法找出其中的玄机，因此，他必须把这些数字转变成图表的形式。后来，高尔顿回忆说：“我拿出一张白纸，用尺子和笔在上面画出坐标轴，纵轴表示孩子的身高，横轴表示父母的平均身高，并标记出对应每个孩子及其父母平均身高的那个点。”这样，就能直观地显示出均值回归的现象了。

根据高尔顿的研究，只要研究对象受到随机性的影响，就会发生回归平均值现象。

心理学家丹尼尔·卡内曼（Daniel Kahneman）在

2000年获得了诺贝尔经济学奖，他在具有自传性质的获奖感言中描述了这些概念。他说："在我的研究生涯中，最感到满足的经历发生在为飞行指导员上课时，我告诉他们表扬比惩罚更有助于技能的培训。在我热情高涨地发表完长篇大论后，台下一位最资深的指导员举手，言简意赅地表态，正增强可能对鸟类还有点儿用，但压根儿就不适合菜鸟学员。他说：'很多时候，我会表扬学员思路清晰地完成了一些飞行技巧，可当他们再次尝试时，表现往往比较差。相反，对于那些表现糟糕的学员，我经常会冲他们大吼大叫，而这些学员下一次表现往往会好很多。所以别再跟我们说类似表扬有用、惩罚无效之类的话了，因为事实正好相反。'"

均值回归最常见的受害者要数球迷了。他们已经无数次见识到这一概念如何起作用，不过他们往往只觉得其中有些蹊跷，很少去理解究竟发生了什么。随着赛季大幕拉开，一切都如往常一样正常运行，球迷们支持的球队赢得了几场比赛，也输掉一些比赛。接着，球队过了高峰期，表现逐渐下滑。一连串的失败之后，俱乐部需要采取措施，把气全部撒在教练身上并将其撤换。这项措施果然奏效：新教练走马上任后采取了新的训练方法和比赛策略，球队表现逐渐好转。

可没过多久，问题又来了。球队经过一段时间的出色发挥后，成绩又开始下滑。可以说，球队的良好表现维持了不到几个月，就又停滞不前了。于是，更换教练的消息再次传得沸沸扬扬。

哪怕是对足球一窍不通的人，也会觉得这一幕看起来很熟悉。因为类似的现象在任何领域都有发生，比如成绩排名忽好忽坏的学校和价格忽上忽下的股票。均值回归的基本理念很容易理解。一支球队、一所学校或一只股票的表现是一系列因素综合影响的结果。有些因素很明显、有些不那么明显，但它们都会对该事件的“平均表现”产生影响。

然而，在任何既定情况下，事情的实际表现都不可能完全与平均水平相同。它通常会由于一些随机因素的影响，表现得高于或低于平均水平。这其中的差距可能非常大，而且还会持续比较长的时间，但最终其积极和消极影响会相互抵消，表现出“回归”平均水平。

实际的麻烦在于，均值回归在某些极端情况下会对人们产生较强的震撼感。因为极端情况下的表现通常最不具代表性。如果基于极端情况作出决策，很容易沦为均值回归的牺牲品。均值回归最残酷的一面在于，它能让你作出的糟糕决策看上去像是明智之举。

前文的例子中，有“足够证据”显示球队的表现不佳，于是教练被更换，新教练很可能会因为球队表现逐渐好转而获得好评。然而，球队水平提高很可能只是均值回归。球队前段时间很可能因为某些随机因素而表现不佳，上一任教练因此丢掉饭碗。新教练上任时，球队恰好逐渐恢复状态，又回归其平均水平。

某些球员可能会在新教练的领导下脱颖而出。他们很可能有一点儿走运，正在恢复乃至超过正常水平，这与新教练的上任时间相吻合。但随后，一切又将呈现出均值回归状态——随着时间流逝，他们会慢慢表现平平。接着，人们对球队迅速提高的那份狂喜退却。当然，有时球队确实会因为教练的领导无方而表现不佳。

即便如此，统计学家和经济学家通过研究实际数据发现，更换教练的确会因为均值回归而暂时影响球队表现，但很少对球队的总体表现产生长远影响。

了解均值回归后，你会发现这种现象无处不在。因为我们总是关注极端情况。

均值回归还能用于提升员工表现。

许多虎爸虎妈坚信，恐惧是最好的激励因素，他们声称已经有确凿的证据来证明这一点。每当孩子成绩表现不佳时，就训斥一顿，果然表现有所好转。一名虎爸理直气壮地说："别跟我提什么快乐教育，简直一派胡言。小孩子就是要严格管教才行。"

的确，考试成绩似乎也证明了这一点。然而，如果你承认人的脑力和体育比赛中的运动员体能一样，会有高峰和低谷，那么均值回归也会产生影响。问题是，自以为是的虎爸虎妈们并不想知道这些概率学知识。他们自认为的那些"极具说服力的"证据，只不过是一种统计学效应。这可能也是均值回归鲜为人知的一大原因。

均值回归效应也会影响疾病的治疗——严重程度会随时间的推移而变化。

医疗治愈和自然痊愈的病例容易混淆。当病人情况出现恶化，医生会对其进行治疗，若病情随着时间的推移出现起伏，人类有很多疾病是可以在不接受治疗的情况下也能康复。很多庸医和假药商就是抓住了这一点，趁机行骗。他们会等到病人症状十分严重时才开药。等到病人情况好转，庸医就会宣称这是奇药的疗效。

正因如此，随机对照试验才显得格外重要。这类试验会安排两组人数相同的病人。其中一组服用受测药物，另一组服用安慰剂或者不接受任何治疗，病人和研究者都不知道究竟是哪一组服用受测药物，哪一组服用安慰剂。如果症状减轻纯粹是因为均值回归效应，与治疗无关，那么这两组病人的恢复率应该相同。

均值回归具有误导性，使得某件事理应发生，但我们却会做出不同的解释。

随机对照实验的必要性

在探寻新疗法的过程中，医学研究人员一旦碰到均值回归现象，往往会误以为自己找到了一种奇特的疗法。因为寻找治疗办法本身会要求把注意力放在状态异常的患者身上，比如血压特别高的患者。

有时，这些非正常状态不过是正常状态的随机偏离。随着时间的流逝，异常状态会逐渐消失。这对测试新药的研究人员来说无疑是一种挑战，有时参与测试的患者身体状况只是随时间恢复到平均水平，但研究人员往往会误以为新药产生了疗效。

为避免落入均值回归的陷阱，医学研究人员采取了所谓随机对照试验，把病人随机分成两组，一组服用药物，另一种服用无害的安慰剂，从而实现对变量的“控制”。两组测试者都有可能出现均值回归现象，因此其影响可以抵消。

不幸的是，在现实生活中，当有朋友向我们推荐一款治疗背痛的药物后，因为缺乏对比，我们很难确定是药物起了作用，还是身体自动恢复到了正常水平。一些医生指出，很多时候病人以为自己换了治疗方案后才痊愈，实际上他们的身体状况不过是均值回归而已。

懂得了均值回归现象，我们至少可以避免落入自欺欺人的陷阱。比如，在选择投资项目时，我们需要警惕金融专家强烈推荐的所谓潜力股。他们只是基于股票的非常态表现、博眼球的一时飙升进行分析，这些非常态正是滋生均值回归现象的沃土。

热手效应和赌徒谬误

热手效应（hot-hand effect），来源于篮球运动。指比赛时如果某队员连续命中，其他队员一般相信他“手感好”，下次进攻时还会选择他来投篮，可他并不一定能投进。仅凭一时的直觉，缺乏必要的分析判断就采取措施，叫作“热手效应”。

在体育竞赛和包含概率的游戏中，所谓的“热手”的信条，正逐渐成为一种常见的迷信习惯，即连续命中球的球员在接下去的比赛中更可能获得成功——因为这样的球员正处于“最佳状态”。你会觉得这在一定程度上是有道理的。我们都有过“不在状态”（或许是身体不舒服）的时候，也理应有“状态正佳”的时候。如果某天恰好手感火热，自然就能得更多分。但热手信念并不局限于此：它认为一系列的成功会提升继续得分的概率，甚至连掷骰子这样极为随机的把戏也不例外。而如果回顾选手过去的表现，情况会更加复杂，因为我们会发现其有时候表现胜过平均水准，有时候则低于平均水准。这就是“平均”的意思：时而好，时而坏。而热手信念认为如果选手状态正佳，那么其继续得分的概率就要大于个人平均值，即便比赛是完全随机的，也不例外，仅凭借过去的成功就能改变未来成功的概率。

可以说，“热手信念”是一种非常执着的信念——甚至能左右比赛。在篮球比赛中，球员往往会将球传给他们认为手感正热的队友，相信已经连续投篮命中的队友下一次更有可能得分。这让比赛变得更复杂。相信炙手可热一说改变了场上球员的行为，从而可能改变得分的概率。接球的球员无疑有更多的得分机会，即使其投篮命中率没有变化。如果出手机会的增加成功转化为得分，就会让球员更加笃信“热手信念”一说。

在轮盘游戏中，赌徒往往认定其中红黑两色会交替出现，如果之前红色出现过多，下次更可能出现黑色。可是，直觉未必是靠得住的。事实上，第一次投篮和第二次投篮是否命中没有任何联系，转动一回轮盘，红色和黑色出现的机会也总是各占50%。这种现象就叫“赌徒谬误”。

就像受“热手效应”误导的球迷或受“赌徒谬误”左右的赌徒，投资者预测股价也容易受到之前价格信息的影响，用直觉代替理性分析，产生所谓的“启发式心理”。举个例子，一家制药公司的股价长期上扬，在初期，投资者可能表现为“热手效应”，认为股价的走势会持续，“买涨不买跌”；可一旦股价一直高位上扬，投资者又担心上涨空间越来越小，价格走势会“反转”，所以卖出的倾向增强，产生“赌徒谬误”。“热手效应”与“赌徒谬误”都来自人们心理学上的认知偏差，即认为一系列事件的结果都在某种程度上隐含了自相关的关系。

正态分布，混乱世界的神明

正态分布（Normal distribution），也称“常态分布”“高斯分布”。正态分布曲线两头低，中间高，左右对称，形似钟形，也常被称为“钟形曲线”。

正态分布概念是由法国的数学家棣莫弗（De Moivre）于1733年首次提出的，但由于德国数学家高斯率先将其应用于天文学研究，故正态分布又叫“高斯分布”。事实上法国数学家拉普拉斯对此也有贡献，拉普拉斯从中心极限定理的角度解释了它。所以，在法国，它被称为“拉普拉斯分布”；高斯是德国人，所以在德国叫作“高斯分布”；后来法国的大数学家庞加莱建议改用“正态分布”这一中立名称。

为了纪念数学家高斯的伟大成就，德国10马克的纸钞上印有高斯的头像，同时还印有正态分布的密度曲线。

据说，去世前高斯要求给自己的墓碑上雕刻上正十七边形，以展现他在正十七边形尺规作图上的杰出工作。但后世德国货币上却是以正态密度曲线来纪念高斯，足见正态分布在现代科学中的重要性。

这是数学史上最重要的曲线之一。这条曲线作为普适性的伟大典范，在许多理论和实验中，出现了一次又一次，这对数学家来说是弥足珍贵的。

19世纪末，弗朗西斯·高尔顿在统计学及其他很多领域都取得了重大突破。对于正态分布（他称之为“误差频率法则”），他的理解是：“就我所知，没有什么比误差频率法则更能精准展现美妙宇宙秩序的了，让人大开眼界。古希腊人若知道这一法则，必然会将其拟人化，奉为神明。在这混沌乱世中，唯有它始终处乱不惊，掌控全局。事物越发混乱，就越能彰显它的威力。它是非理性世界的最高律法。无论事物有多混乱，只需要依照大小顺序排列，就会发现其背后一直隐藏着不为人知的、世间最美的规律性。”

自然界中存在着大量的正态分布，比如人的身高、智商、寿命。

高尔顿曾设计了高尔顿钉板来展示正态分布的形成过程：

假设，从钉板入口处放进一个直径略小于两颗钉子间距的小圆玻璃球，当小圆球向下降落过程中，碰到钉子后皆以50%的概率向左或向右滚下，于是又碰到下一层钉子。如此继续下去，直到滚到底板的一个格子内为止。把许许多多同样大小的小球不断从入口处放下，只要球的数目相当大，它们在底板将堆成近似于正态的密度函数图形，如下图所示。

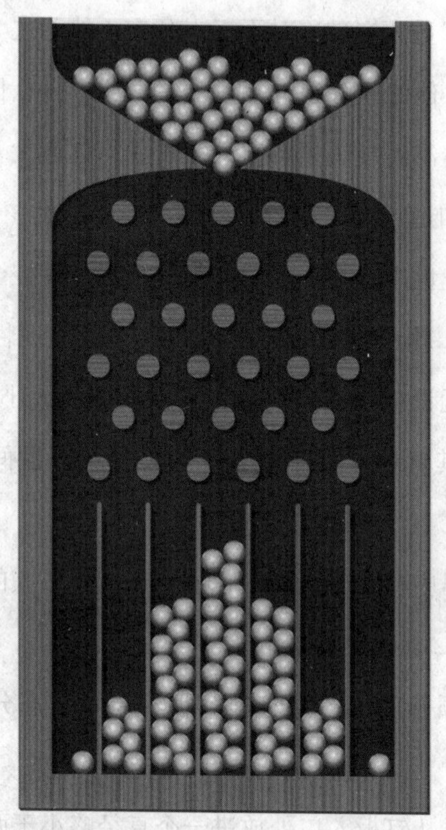

■高尔顿钉板

没有比高尔顿钉板更能将这位至高无上的神明“显灵”的办法了。你可以去购物平台上买一个高尔顿钉板，亲手做这个实验。也可以去视频网站上看别人做的实验。

这块板里有一些狭窄的通道。小球沿着通道随机地落下，往右、往左、再往左、再往右，以此类推，全都是随机和混沌。

如上图中所示，木板上订了 n 排等距排列的钉子，下一排的每个钉子恰好在上一排两个相邻钉子中间，从入口中处放入若干直径略小于钉子间距的小球，小球在下落的过程中碰到任何钉子后，都将以 0.5 的概率滚向左边，也以 0.5 的概率滚向右边。如此反复地继续下去，直到小球下落到底板的格子里为止。实验表明，只要小球足够多，它们在底板堆成的形状将近似于一个钟形的高斯曲线。

为什么这儿出现了一个钟形曲线呢？这与古典概率论中最重要的“中心极限定理”有关。

中心极限定理

只需对鸡肉的加工厂生产的 100 块鸡肉进行沙门氏菌检测，就能得出这家工厂的所有肉类产品是否安全；只需对 1000 名选民进行调查，就能预测美国大选的结果；这种“一叶知秋”的强大信心，其数理支持从哪里来？

这背后的秘密武器就是中心极限定理（Central Limit Theorems），它是指概率论中讨论随机变量序列部分和分布渐近于正态分布的一种定理。

请注意，中心极限定理不是一个定理，而是一系列定理，它们分别适用于不同的条件。

但基本可以用一句话来概括它们：大量相互独立的随机变量，其求和后的平均值以正态分布为极限。

尽管大数定律揭示了大量随机变量的平均结果，但没有涉及随机变量的分布问题。而中心极限定理说明的是在一定条件下，大量独立随机变量的平均数是以正态分布为极限的。

以掷 100 次硬币为例，全部出现正面就只有一种情形，而出现 99 次正面和 1 次反面的情况有 100 种（可能第 1 次就出现反面，或者第 2 次，或者第 3 次，或者……）根据计算，抛 100 次硬币出现 98 次正面和 2 次反面的情形达到 4950 种，出现 97 次正面和 3 次反面的情形达到 161700 种，到 50 次正面和 50 次反面，这样的情形约为 1029 种。由此可见，正面和反面出现次数大致接近的概率远远超过其他组合。换言之，正面朝上的比例极可能无限接近于 0.5，也就是 1 和 0 的平均值。

高尔顿钉板实验显示的“钟形曲线”便可以用中心极限定理来解释。考虑钉板中的某一个小球下落的过程：小球在下落过程中碰到 n 个钉子上，每次都等效于一次“抛硬币”类型的随机变量。

也就是说，一个小球从顶部到底部的过程，等效于 n 次抛硬币之和。n 个钉子中的每一个钉子，将小球以同等的概率弹向左边或右边，小球最后到达的位置，是这 n 个“左 / 右”随机变量相加后的平均位置。

显然，小球聚集在中心处的最多，也就是这个小球落在平均值的概率最大。越是偏离中心处，小球的数目越少，不同位置的小球数便形成了一个“分布”。中心极限定理则是从数学上证明了，这个分布的极限是正态分布。

中心极限定理最早由法国数学家棣莫弗在 1718 年提出。他为解决朋友提出的一个赌博问题而去认真研究二项分布（每次试验只有“是 / 非”两种可能的结果，且两种结果发生与否互相对立）。

棣莫弗发现：当实验次数增大时，二项分布（成功概率 p=0.5）趋近于一个看起来呈钟形的曲线。

后来，著名法国数学家拉普拉斯对此做了更详细的研究，并证明了 p 不等于 0.5 时，二项分布的极限也是正态分布。之后，人们将此称为“棣莫弗 – 拉普拉斯中心极限定理”。

第8章 巨数法则

20世纪20年代，作家安妮·帕里什（Anne Parrish）和丈夫一起在巴黎逛旧书店时发现了一本《雪人故事集》（Jack Frost and Other Stories）。她将这本书拿给丈夫看，并告诉他这是她儿时最喜欢看的书之一。安妮的丈夫翻开书，看到扉页上写着："安妮·帕里什，科罗拉多州科罗拉多泉市维贝尔北街209号。"

什么是巨数法则？

这种匪夷所思的事情看似发生概率极低，以至于我们压根儿就不会料到其会发生。但它确实发生了，这显然需要解释，而解释就出自巨数法则（law of truly large numbers）——只要机会足够多，任何离奇的事件都有可能发生。

巨数法则认为，只要机会足够多，即便某起事件发生的概率极低，我们也应该期待它会发生。有些情况下，机会实则很多，可看起来却很少，导致我们大大低估某事件发生的概率：以为其几乎不可能发生。

这一法则和大数法则（又叫“大数定律”）截然不同。我们前面提及，大数法则认为样本数大的平均值，其波动幅度小于样本数小的平均值。

一些数学家非常认可巨数法则，因为它指出了凡事都有可能发生。英国数学家奥古斯都·德·摩根（Augustus De Morgan）写道：“只要尝试的次数足够多，任何事都有可能发生。”20世纪，英国数学家李特尔伍德（J.E. Littlewood）就巨数法则给出了不同版本的解释。1953年，他这样写道：“既然有一辈子的时间可以选择，碰上概率为1/106的事，也算稀松平常。”生活中充满各种事件，大小皆有。面对如此多的选择，出现些不寻常的事也在意料之中，即使这些事件本身发生的概率微乎其微。

彩票就是巨数法则的体现。除非你像伏尔泰那样，购买大量的彩票，否则你中奖的概率极低，连中两次头奖的概率更是低到可以忽略不计。

你时刻都在巨数法则笼罩之下

柯尔特先生在发明左轮手枪之前，恐怕没有想到它会成为一种赌具——赌命的工具。

其实我们每天都在玩低烈度的俄罗斯轮盘赌。

最常见的左轮手枪只能装 6 枚子弹，但也有的能装 8 枚，这取决于转轮直径与弹巢的多少。19 世纪末，比利时曾生产过一种左轮手枪，可装 20 枚子弹，不过携带很不方便。

你看见过能装 100 枚子弹的左轮手枪吗？

1000 枚的呢？

1000000 枚的呢？

我也没有。

不过，这不代表这个世界上不存在这样的“邪恶左轮”。

比如，某种传染病，有百万分之一的可能被感染，你会因此接种疫苗吗？

乘坐某种交通工具，有千万分之一的可能发生意外，你愿意因此购买保险吗？

有学者对人的一生中可能遇到的风险做了统计，得出如下结论，供大家参考：

宅在家里受伤：风险系数为 1.25%

死于车祸：风险系数为 2/10000

死于狂犬病：风险系数为 1/70000

死于溺水：风险系数为 2/100000

死于火灾：风险系数为 2/100000

散步时被汽车撞死：风险系数为 25/1000000

死于飞机失事：风险系数为 4/1000000

所谓“安全”，只是你以为的安全，是人类自我催眠的结果，风险只是概率大小的问题。如果我们每时每刻都对风险有着非常清醒的认识，那滋味很可能生不如死。

另一方面，你也时刻处在星宇与奇迹的巨数法则之下。

物理学家说，万物起源于一次大爆炸（Big Bang）。

天文学家说，以宇宙之大，我们至今仍未发现外星生命，其实比发现了外星生命更让人感到诡异。

因为从理论上讲，只要样本足够大，任何稀奇古怪的事情都可能发生。

尽管，奇迹发生的概率如此之小，可是再乘以几个巨数，就变得可能了。

什么是巨数？

就是超出人类想象力的巨大数字。《金刚经》里有个比喻，叫“恒河沙数”。巨数是甚至比“恒河沙数”还要大的数字。

比如一个古戈尔（10^{100}）等于 1 后面 100 个“0”。著名的搜索引擎谷歌的名字就是根据古戈尔来命名的。

然而，古戈尔是一个想象中的数字，是一个比“三千大千世界”更玄的话题。

因为一个古戈尔远比宇宙中所有粒子的总和还要多，现今宇宙的所有粒子总和连 10^{90} 个都不到。

100 多年前，法国数学家埃米尔·博雷尔提出了一个“无限猴子定理”：无限只猴子用无限的时间去敲打字机，最后必然可以打出莎士比亚的所有作品。

有好事者，设计出一个“博雷尔之猴”模拟器，挂在互联网上。猴子每秒打一个字母，猴子数量随时间不断增加。据说，已经有只猴子打出了《亨利二世》中的一小段。

文章本天成，妙手偶得之。

在无限漫长的时空中，数之不尽的猴子不停地敲键盘，不出几只“妙手”岂不怪哉？敲出比《哈姆雷特》更伟大的作品，也在情理之中。

巨数法则，是指如果样本足够大，极端不可能发生的奇事都有可能发生，也就能理解那些所谓“惊人”的巧合了。这些匪夷所思的巧合若放在大背景下观察，根据“巨数法则”就有发生的可能。

每次媒体报道说千年不遇的流星雨之类的事情，你是不是都会怦然心动？

其实这类现象在宇宙中几乎每天都在发生。听上去极不可能的事件，其实是普遍发生的，只是人类不擅长将概率论客观地应用到日常生活中。

探讨巨数问题，真好比夏虫语冰。

西方经院哲学有一个经典议题，是说天使无处不在，可大可小，小到具体多少天使可以站在一枚针尖上呢？

现在已经有好事者算出来了。如果每个天使的质量达到临界质量，那么最多可以站 86766 后面再加 45 个零数量的天使。

彩票，一种智商税？

彩票，也称“乐透彩票”，英文称“lottery ticket”。

彩票的产生，可以追溯到 2000 多年前的古罗马时代。那时，人们用彩票进行抽奖，最初仅仅是一种博彩性的娱乐。

法国大哲学家，看透宇宙秘密的伏尔泰在挣钱上也毫不手软，特别是他发现彩票系统漏洞的时候。

1728 年，巴黎市政府发行了一种彩票。只有持有市政公债的人，才有权购买这种彩票。伏尔泰手上凑巧就有公债，因此他也有权购买该彩票。伏尔泰顺手计算了一下收益，结果有了一个惊人发现：这次抽奖的总奖金居然高于彩票的总价格！

伏尔泰喜出望外，发现他的一位数学家朋友康戴曼同样得出了这个结论。于是他们两个人成立了一个基金，向社会募集资金，用这个基金把所有的彩票组合都买了下来。结果自然不用说，法国政府含着泪兑现了奖金。伏尔泰因此狂赚了一笔，就此奠定了后半辈子的土豪生活。

发行彩票集资可以说是现代彩票的共同目的。各国、各地区的集资目的多种多样，社会福利、公共卫生、教育、体育、文化是主要目标。以合法形式、公平原则，重新分配社会的闲散资金，协调社会的矛盾和关系，使彩票具有了一种特殊的地位和价值。

《现代汉语词典》对彩票是这样解释的：“彩票，奖券的通称。”彩票是一种以筹集资金为目的发行的，印有号码、图形、文字、面值的，由购买人自愿按一定规则购买并确定是否获取奖励的凭证。

我国的公益彩票从一开始就是为了筹集社会福利资金、弥补民政经费不足、建设社会福利事业而设的，公益性、慈善性是福彩的根本属性。数据显示，2017年，我国彩票销售收入超4000亿元，其中福利彩票达2100多亿元。

然而，也有人认为彩票只是针对穷人的一种低效的“智商税”。的确，由于赢得头奖的概率极低，有些人称彩票是一种从穷人身上榨取钱财的手段。尽管很多彩票的软文或广告宣称“你有可能中大奖”，但他们却永远不会说，你能中奖的概率到底有多少。

买彩票就赶星期五

很多人梦想着一夜之间暴富，成为亿万富翁。他们长期购买彩票，希望能有幸中个大奖，可是这样的幸运从未降临到自己头上。于是，他们开始怀疑彩票到底有没有大奖，是不是都是骗人的？再看看自己周围的“彩民”，似乎也没有人中过奖。当然，即使有人中了大奖，大多也不会到处宣扬。

美国有一个州流传着这样一句俗话：“买彩票就赶星期五。”为什么这么说呢？那是因为第二天即星期六就是彩票的开奖日。

按照当地的规定，彩票开奖当天不得销售彩票，因此最好在开奖前一天即星期五购买彩票。那么，在星期五前买彩票不行吗？不行！因为越早买彩票，离开奖的日期就越长，人不幸死于交通事故的可能性也越大。有谁希望在得知自己中奖的消息前就离开人世呢？换句话说，彩票中大奖的概率还没有死于交通事故的概率高。

虽然买彩票中奖的概率并不高，但是不买绝对不可能中奖。也就是说，要想获得成功，必须得付诸行动。话虽这么说，如果只想靠买彩票发财，可能会越买越赔钱。

真有“幸运彩票销售点”一说吗？

请读一则来自《纽约时报》的报道：

在美国的新泽西州，有一位幸运的女士，买彩票中了头奖，这并不能算什么新闻。值得称奇的是，该女士在4个月后又中了一次头奖。统计学专家做出解释，这种事情发生的概率是十七万亿分之一。

每到彩票发售日，总有个别彩票销售网点门前排起长龙一样的队伍。

为什么会出现这样的情况呢？因为人们相信到那里买

彩票中奖的概率更高。

这就是所谓的“幸运彩票销售点”。所谓“中奖概率高”是指该彩票销售点以前卖出的彩票其中出过多个大奖。

那么，世界上真有这么幸运的地方吗？很遗憾，实际上根本不存在什么所谓的“幸运彩票销售点”。可是，这个销售点卖出去的彩票中过那么多大奖，这又该做何解释呢？原因很简单，只是这个销售点卖出的彩票数量多而已。实际上，卖出的彩票数量越多，中奖的概率也越高，这是理所当然的事情。

仅因某家彩票销售点辉煌的中奖史，就判断那里很幸运，这其实是一种误解。

你一定听说过关于“邪彩”的都市传说吧。就像美剧《迷失》里的那个肥佬，中了巨奖以后遭遇了飞机失事。

这里举一个现身说法的例子，来自投资银行家王冉先生的微博：

河南一彩民8号独中3.5亿，创历史新高。我在哈佛商学院的一位同班同学，在我们毕业3个月后，在她生日那天买了三张彩票，其中一张中了2400万美元。我们还开玩笑说她是我们这届同学里最早成为千万富翁的。结果3年以后，她就患了癌症，今天已经离开了我们。人生很多事，真的说不清。愿这位河南彩民平安健康。

理性上讲，这两件事情互为独立，不构成因果关系。但更多人认为，她命里不该承受这笔意外之财。为什么离经叛道的观点却更有市场？因为理性的分析并不能完美地解释风险，更难以消除我们对风险的恐惧。

有更容易中奖的数字吗？

数字彩票是一种可以自由选择数字的彩票。有人会研究哪些数字容易中奖，而哪些数字不容易中奖。他还会把以前各期的中奖结果统计出来进行分析，研究各个数字的出现频率和出现规律，并据此预测下一期的中奖号码。

说到底，数字彩票和其他彩票一样，数字之间根本不存在容易中奖和不容易中奖之分。

以前各期彩票的中奖号码与今后的中奖号码之间根本不存在任何关系。无论对过去的数据进行什么样的研究，预测出来的数字和瞎猜的数字之间不存在中奖概率的区别。

从表面上看来，以前出现频率较高的数字，以后还会不断出现。可是，真当我们买了那个数字，它又不出现了。这真让人捉摸不透。

买彩票时，参考前一段时间的中奖数据根本没有任何意义。

数字彩票中，每位数字都是 0 到 9 这 10 个数字中的一个，每个数字出现的概率都是 1/10。从长远来看，每个数字出现的概率都是一样的。

因此，购买数字彩票时，无论是自己精心挑选的数字还是机器随机选择的数字，二者的中奖概率是完全一样的。

生日问题

巨数法则指出，只要一起事件发生的机会足够多，那我们就应该预期它会发生，即使该事件单独看，发生的概率极低。

组合法则认为：随着元素数量的增加，互相作用的元素组合数量将会呈指数级增加。组合法则可以将巨数法则加以放大。

生日问题（birthday problem）就是很有名的例子。

某场宴会一共有 60 人出席，其中一人是著名的占卜师。在宴会期间，为了活跃气氛，主持人邀请他给大家露一手。只见占卜师起身，环顾了一下在场的 60 个人，然后自信地说："在座的各位肯定有 2 个人的生日相同。"

在场的来宾无不为之惊叹。人的生日一共有 365 种

（不算闰年），而会场不过只有60人，这60个人中一定有2个人的生日相同吗？

等60位来宾各自通报了自己的生日后，果然如占卜师预测的那样，居然有2个人的生日相同。大家都对那位占卜师佩服不已。

占卜师真能算这么准吗？

其实，那位占卜师并没有掌握什么高明的占卜术，只是懂得概率学的知识罢了。从概率学的角度来看，如果有60个人，其中有2个人的生日相同的概率高达99%。因此，这60个人中肯定有2个人的生日相同。于是，占卜师才敢自信地做出预测。

此外，我们这里所说的生日相同，是指出生月份和日期相同，不用考虑年份。再有，他只知道这60人中有两个人的生日相同，但到底是哪两位的生日相同，他也无从知晓。

尽管如此，你可能还是无法相信真的会有如此“巧合”的事情。1年有365天，生日就有365种，可是宴会上只有60人，为什么就能保证其中一定有2个人的生日相同呢？

只要计算出概率值，你马上就会相信。接下来，我就简单讲解一下计算方法。

我们先以3个人为例，来理解这个问题。

我们转换一下思路，先求出3个人的生日各不相同的概率是多少，然后用1减去这个概率，那么3个人生日相同的概率就求出来了。

第一个人的生日可以是一年中的任意一天；第二个人与第一个人的生日不在同一天的概率为364/365；而第三个人与前2个人生日也不在同一天的概率为363/365。

因此，3个人的生日各不相同的概率为365/365×364/365×363/365。只要用1减去这一概率数值，就可以得到3个人中至少有2个人生日相同的概率，即

1-（365/365）×（364/365）×（363/365）

如果人数增加，也可以用同样的方法进行计算。

根据这个思路，在一个房间里至少要容下多少人，才能使得其中两人同一天生日的概率超过50%？

答案是只需要23个人，其中至少有2个人生日相同的概率就可以达到50%。

这个数字是不是很有违直觉呢？

如果你之前从未碰到过生日问题，这个答案可能会让你大吃一惊。“23”这个数字，感觉太小了。

我们先算一下房间里的 23 个人都不是同一天生日的概率。以 2 个人为单位，第二个人和第一个人生日不同天的概率是 364/365，而这 2 个人不同天生日，且第三个人的生日也和他们不同天的概率是（364/365）×（363/365）。接着，这 3 个人不同天生日，且第四个人的生日也和他们不同天的概率是（364/365）×（363/365）×（362/365）。以此类推，23 个人生日都不同天的概率是（364/365）×（363/365）×（362/365）×（361/365）×…×（343/365）。

结果是 0.49。既然 23 个人生日都不同天的概率是 0.49，那么其中有人生日同天的概率就是 1 减去 0.49，等于 0.51，超过 50%。

这个结果之所以有违直觉，可能是由于下列算法：

任意一个人和我同一天生日的概率是 1/365，因此任意一个人和我非同一天生日的概率达到 364/365。假设房间里有 n 个人，包括我在内，其他每个人和我不同一天生日的概率都是 364/365，那么所有这 $n-1$ 个人和我不是同一天生日的概率为：

（364/365）×（364/365）×（364/365）×（364/365）×…×（364/365）

也就是 364/365 乘 $n-1$ 次。如果 n 是 23，概率就

是 0.94。

这是无人和我同一天生日的概率，而至少有一个人和我同一天生日的概率就是 1 减去 0.94 等于 0.06，非常小。

但这种算法是错误的，因为生日问题问的并不是其他人和你同一天生日的概率，而是同一个房间里任意两人同一天生日的概率。

这个概率包括另一个人和你同一天生日的概率，也就是刚才计算的概率，但同时也包括两个或者更多其他人同一天生日（但和你不同天）的概率。

这时候，概率论里的组合法则开始起作用了。虽然房间里和你同一天生日的人数为 $n-1$ 个，但所有人两两配对，n 越大，组合的数量也就越多。当 n 等于 23 时，组合数为 253。如果房间里有 23 个人，那么可能的配对组合就有 253 对，但其中只有 22 对包括了你。

各种匪夷所思的“邪彩”，不过是巨数法则被组合法则放大的结果。全球各地发行有许多不同的彩票，日复一日，年复一年地开奖，这使得彩票号码出现各种离奇的巧合。

一些公司会在年末晚会上举行一个交换礼物的活动，参与者每人事先准备一份礼物，交给主持人，主持人会为这些礼物编号。最后，大家通过抽签领取礼物。假如今年公司的晚会一共有100人参加，最后抽签交换礼物时，你领到的居然是自己准备的礼物。你会感叹，这种巧合真是太有戏剧性了！

虽然这是一个小概率事件，然而，这种所谓的“偶然的一致”发生的概率远超我们的想象——假如有100人交换礼物，其中肯定有人拿到自己准备的礼物的概率为63%！

这个概率是不是又一次颠覆了你的直觉呢？

这意味着很有可能会有人领到自己准备的礼物，只不过我们不知道这人到底是谁而已。

事实上，只要参加人数在4人以上，这个概率就永远是63%。只有4个人时，如果有人拿到自己准备的礼物，并没有什么好奇怪的。当人数到了100名，依然发生这种情况，就会让很多人觉得不可思议。

神奇的37%

假设，你每天走在路上，被鸟粪砸中的概率刚好是1/365，你一年里一次都没被砸中的概率是多少？

再假设，你是一个守株待兔的猎人，每天有兔子撞到树上的概率是1/1000，3年里你一只兔子都没逮到的概率是多少？

如果飞机失事的概率是百万分之一，你坐一百万次飞机还没遇到飞机失事的概率是多少？

这些问题的答案全部都是37%。

37%，这个数字对于大多数人来说很陌生，或许只有数学家才会知道，这个数字正是1/e的值。

e是自然对数的底数，是个无限不循环小数，约等于2.718281828。自然对数的底数e，是数学世界中一个很重要的常数。

小概率事件定律，是指一个十分罕见的随机事件，几乎只发生过一次，并且今后能否再次发生难以预测，那么这个事件不再发生的概率是1/e。被鸟粪砸中、兔子撞树、飞机失事都满足上述条件，因此这些事件不再发生的概率都是37%。

小概率事件定律听起来有些玄妙，其实背后也是有数学原理的。这涉及"泊松分布"这个概念，我们在下一章探讨。

第9章

是奇迹，还是随机事件？

巴西的礼物，曾是世界杯历史上最著名的魔咒之一，其规律是，只要巴西称雄，下一届的冠军就将是主办大赛的东道主，除非巴西队自己将礼物收回。1962年，巴西队夺冠，4年后英格兰队本土称雄；1970年，巴西队三夺金杯，1974年，东道主西德队捧杯；1994年，巴西队夺冠，1998年，东道主法国队夺冠。2006年，这一魔咒被破解：在德国，巴西队和东道主德国队都没能夺冠。

神秘奇迹与泊松分布

新闻上常用诸如此类的报道：发生矿难被困半个月却没死；从9层楼高的建筑物上坠落却没死；梦里出现的场景变成了现实；正在说曹操的时候，曹操到了……这些都是概率比较低的事情，它们符合一种叫作“泊松分布”的特殊概率分布。

泊松分布其实是一种看上去不那么随机的随机分布。

当初苹果推出的一款MP3播放器，用户在使用“随机播放”功能的时候，发现有些歌曲会被重复播放，他们据此认为播放根本不随机。苹果公司只好放弃真正的随机算法，采用“伪随机”，使播放“更不随机，以至于让人感觉更随机”。

泊松分布是以18—19世纪的法国数学家西莫恩·德尼·泊松（Siméon-Denis Poisson）命名的，他在1837年发表的《关于判断的概率之研究》文中提出了这种分布。这个分布在更早之前曾由伯努利家族的一个人描述过。

多次被雷劈、多次中彩票大奖、多次经历事故逃生等小概率事件总是让人感觉非常神秘，它们很少发生，几乎无法预测，即便如此，概率统计还是有办法用数学公式来描述它们。泊松分布正是用来描述那些无法预测的小概率事件发生次数的分布。

泊松分布的概率函数为：

$$P(X=k)=\frac{\lambda^k}{k!}e^{-\lambda},\ k=0,1,\cdots$$

简而言之，泊松分布是一种看上去不那么随机的随机分布。

我们假设奇迹的发生是概率为一亿分之一的事情，这可是一个相当小的概率。即便如此，如果中国每天都有十个人发生奇迹，也不用大惊小怪，那是因为仅河南省人口就超过 1 个亿，全国人口超过 10 个亿。

从全世界范围来看，目前世界的总人口为 70 多亿，那么每天 70 多人会有一亿分之一的可能发生“奇迹”。即使是概率只有七十亿分之一的事情，也会被地球上的某个人撞上。

大多数人都认为所谓的“奇迹”是不会发生在自己身上的。实际上，“奇迹”降临在任何人身上的可能性都是一样的。你也许从没想过，世界上的每一个人其实都在经历一个概率只有七十亿分之一的事情，即我们每个人都正在以自己独一无二的方式生活着，这难道不是一个非常伟大的奇迹吗？

世界上没有哪两个人的生活方式或生活经历是完全相同的。不仅如此，人的染色体也是独一无二的。我们从父亲和母亲身上各获得一半染色体，才形成了我们自己。

人的染色体一共有 46 条，其中 23 条来自父亲，另外

23 条来自母亲。来自父母的相同功能的染色体两两成一组，一共形成 23 组。在这个世界上，每个人染色体的组合方式都是独一无二的，因此可以说每个人的染色体组合的概率都是七十亿分之一。

我们的父亲和母亲也是从他们的父母那里获得遗传基因的。他们的父亲的精子和母亲的卵子中的 23 条染色体又分别来自他们的父母，是随机组合后形成的。因此，一个精子或一个卵子中的 23 条染色体的组合方式就有 2 的 23 次方之多，即约有 840 万种。那么，当精子和卵子结合形成受精卵后，染色体的组合方式可达 840 万 ×840 万，即约有 70 兆种。此外，精子和卵子在形成过程中，具有相同功能的遗传基因会进行替换。因此，可以说受精卵中染色体的组合方式可谓不计其数。

由此可见，你，作为独一无二的个体降临到这个世界上，这世界不会有和你完全相同的人，这本身就是一个奇迹。

人多出奇迹

医药公司在研发新药时，必须进行人体药物实验，即请接受实验的患者服用新研发的药物并观察治疗效果。不过，接受实验的患者会在不知情的情况下被分成两组，其中一组服用新研发的药物，为了进行对比，另外一组只服用没有任何效用的“假药”（这种“假药”虽然没有任何效用，但不会产生副作用）。结果，服用“假药”的一组患者中也有人痊愈了。

其实，我们人体本身就有自我治愈的能力。服用“假药”的患者并不认为自己吃的是“假药”，而是可以治愈疾病的良药。在这种心理暗示下，患者真有可能痊愈或病情出现好转。

通过电视现场直播为观众治病的节目也可以产生类似的效果。

看了电视节目后，假设每 10000 人中有 1 人的病症有所改善（概率为 0.01%），那么 1000 万人中就有 1000 人感觉病情出现了好转。这 1000 人会因此认为直播中这款新药确实有比较好的疗效。

节目中还会设置一个环节，那就是请感觉有疗效的观众打电话到电视台报告情况。假如认为有疗效的那 1000 人中有 10% 的人打来电话，那么短短的节目时间内就会有 100 人打进电话来。

结果，主持人也会帮新药摇旗呐喊：“现在，来自全国各地的治愈者已经纷纷把电话打进直播室报喜了！”于是，本来抱着怀疑态度的观众一下子就成了新药的“粉丝”。像这样，针对的对象数量越大，越容易制造出奇迹。

阴谋论是怎样产生的？

V-1 导弹是德国在第二次世界大战末研制的一种新式武器。它是世界上最早出现并在战争中使用的地地导弹，用于袭击英国、荷兰和比利时。这些喷射式小型无人飞行器，装满了炸药，飞越英吉利海峡，侵袭伦敦。

人们事后考察 1940 年的伦敦大轰炸。当时伦敦在 V-1 导弹的攻击下损失惨重，报纸公布了所有受到轰炸地区的标记图之后，发现轰炸点的分布很不均匀。有些导弹坠落的地点往往非常集中，很多都相距不远，有些地区反复受到轰炸，而有些地区却毫发无损。难道那些毫发无损的地区潜伏有德国的间谍？难道这种轰炸是德军预先瞄准的结果？在这种猜测与恐惧中，有些人甚至开始搬家。

那么，究竟是德军预先瞄准，还是纯属凑巧？

然而事后证明 V-1 导弹是一个实验性的武器，打击精确度非常差。德军只能把它大致地打到伦敦方向，根本无法精确制导。

1946 年，英国数学家克拉克彻底解开了谜团，他借助地图，将伦敦分成 576 个小块，发现其中 229 块没有受到任何轰炸，而有 8 个小块受到了 4 次以上的轰炸。这种分布呈现非常不均匀，其实也是一种随机分布，这种分布就叫作“泊松分布”。

随机分布不等于均匀分布。要想均匀分布，必须样本总数非常大的时候才有效。一旦不均匀，人们就认为其中必有缘故，这也是阴谋论的起源。

如果导弹是随机坠落的，那么，根据泊松分布，没有受到导弹袭击、有一枚导弹坠落、两枚坠落（以此类推）的方块数量是可以预测的。

克拉克得出的结论是，没有刻意造成的集中落点，导弹预先也没有经过人为的瞄准。只要导弹数量足够多，就会出现一部分落点集中的现象。导弹落地点集中不是德军的预谋，纯粹是因为导弹数量太多。

世界真小

在社交网站上建立自己的博客后，就可以通过公开日记、分享照片等方式寻找志趣相投的朋友，而且还可以和朋友在博客上交换意见。

假设访问我们主页的人都算朋友，而且他们不会重复访问。假设1个人主页有50个人访问，那么朋友的朋友有50×50=2500人；朋友的朋友的朋友有50×50×50=125000人；朋友的朋友的朋友的朋友则有50×50×50×50=6250000人。

由此可见，通过4层朋友关系，朋友总数就可以扩张到6250000人，这相当于涵盖了一个大型社交网站。通过5层朋友关系，朋友总数将多达312500000人，几乎涵盖了全国的活跃网民。不过，在现实中，网友们会重复访问，因而实际人数并没有我们之前在一定的假设条件下计算出来得多，但也用不了几层关系就能涵盖全网站的所有注册会员。

如果换到现实世界中，假设每个人从出生到现在，一共认识500个人，那么朋友的朋友一共会有250000人，朋友的朋友的朋友就可以达到125000000人。

第10章

大数据与超预测

全球复杂网络权威、物理学家巴拉巴西通过研究提出，93%的人类行为是可以预测的。这是一种颠覆性的结论。如果真有93%的人类行为可以被预测，这还意味着，我们的商业行为同样可以进入可掌控的范围——而这就是数据里的秘密。

然而，预见未来的能力是99%以上的人都缺失的，这才是亟待弥补的短板。

很多人感觉，大数据非常的神秘，原因之一是：大数据时代隐晦地表明，如果有足够多的数据，算法（algorithm）的推理能力将超过人类。事实上，所谓的大数据不过是互联网时代的概率、统计方法，掌握了这种方法可以有效提高我们的预测能力，以便更好地预测未来的商业、金融、政治、国际事务，以及日常生活。

什么是大数据?

大数据含义丰富，难以定义，目前比较权威的定义是美国的高德纳咨询公司（Gartner）给出的：“大数据是需要新处理模式才能具有更强的决策力、洞察力和流程优化能力的海量、高增长率和多样化的信息资产。”

大数据的概念可以追溯到 2001 年，世界知名咨询公司 Gartner 发布的一份咨询报告首次提出“Big Data”，并提出了“3V”模型，意思是大数据在数量（Volume）、速度（Velocity）和种类（Variety）三个维度上都很“大”。但是受限于当时的软件技术，大数据只能停留在概念层面。

进入 21 世纪的第二个 10 年，随着并行计算和数据分析技术的兴起，大数据终于迎来了大爆发时刻。

2012 年，畅销书《大数据时代》令“大数据”一词迅速普及，各行各业都对大数据技术跃跃欲试。

大数据技术的主要功能是对未来事态的预测和对未知事物的预态。但与占卜不同的是，大数据技术使用的方法是通过海量数据的挖掘从而发掘某种预后的迹象，而占卜使用的方法是基于原始生化思维的预测和想象。

大数据技术在互联网、娱乐等行业率先得到应用，很多应用成果令人耳目一新，比如美剧《纸牌屋》的策划、巴西世界杯的预测。

《纸牌屋》是网飞（Netflix）制作的一部流行美剧，围绕美国政党的权力游戏展开。《纸牌屋》的独特之处在于它的热播对传统电视业“制播分离”的生产模式提出了挑战，它是一种新型的电视剧生产形式：《纸牌屋》的内容生产是数据驱动的。《纸牌屋》并不是单纯的艺术创作，它的内容设置来自网飞公司掌握的 3000 万用户收视行为的大数据分析，由此确定了观看人群、行为偏好、日常关注点等。

随着大数据概念的兴起，众多科技巨头开始钻研数据预测技术。在体育、娱乐等领域做预测格外受到青睐，一方面可以检验算法，另一方面还可以借助广泛的球迷、影迷基础做一次免费广告。

于是，2014 年巴西世界杯成为科技巨头展示数据预测技术的舞台。

这一次不再是谷歌的独角戏，微软、高盛、谷歌和中国的百度一同玩起了“大数据预测世界杯”的游戏。

2014 年 6 月 12 日，世界杯小组赛正式开始，百度、微软和高盛对 48 场小组赛进行了预测，百度以 58% 的准确率领跑，微软和高盛分别以56.25%和37.5%的准确率排在第二、第三位。此后，四家公司全部参与了淘汰赛阶段的预测，百度和微软预测正确了全部16场淘汰赛的胜负结果，以100%的预测准确率震惊了全世界！谷歌错误地预测了法国队会战胜德国队，遗憾未能实现100%的预测准确率。

赛后，媒体披露了四家公司各自的预测方法。百度以过去5年国际赛事数据和400多家博彩公司的赔率为参考数据，计算球队实力、近期状态、主场效应、博彩数据和大赛能力五项指标，采用多源数据融合技术进行预测；谷歌则只以Opta Sports网站的足球比赛统计数据为参考，计算各球队和球员的技战术能力指标，然后采用计算机排序算法进行预测。预测错误之后，谷歌官方博客称，德国队和法国队的比赛预测失败的最重要原因是，赛事数据量过大及球员跑动射门等指标的错误计算。仅靠一次世界杯的预测结果，并不能说明哪一种数据预测方法更有效。时至今日，数据预测仍然是一门新兴技术，概率统计、机器学习、深度学习甚至数据融合都可以应用到数据预测中。接下来，我们就来学习概率统计中的数据预测技术——回归分析。

大数据公司帮助发现本·拉登

2011 年 5 月 1 日，本·拉登在美国军事行动中，于巴基斯坦喜马拉雅山脉山脚的一座豪宅内，被海豹第六分队击毙。正如电影《猎杀本·拉登》中所呈现的，特种部队带走的除了拉登的尸体，还有拉登的电脑、文件、光盘。这次军事行动依据的所有情报都不是孤立的分析，而是利用一个越来越庞大的数据库，每一次情报分析都在整个情报库的基础上完成。

在这场美国政府追捕本·拉登行动中，视眼石公司一战成名。

视眼石本是一家低调的数据分析公司。视眼石（Palantir），含义为预知未来的水晶球。

2004 年，硅谷投资教父彼得·蒂尔等人创立了该公司，专门为政府机构和金融公司开发软件，进行数据挖掘与分析。

视眼石是彼得·蒂尔联合创办的第二家科技公司。在该公司成立之前，贝宝（PayPal）曾经深受欺诈问题的困扰。为了防止犯罪分子利用贝宝洗钱，于是，开发了新工具——通过匹配用户过去的交易记录，以及现在的资金转移情况来查找可疑账户并进行冻结，以此避免了数千万美元的损失。

与美国中央情报局（CIA）合作这一想法，是蒂尔在2004年提出的，当时的美国受到在阿富汗和伊拉克发动的两场战争的影响，反恐变成政府最急切的需求之一。尽管美国中情局、美国联邦调查局（FBI）等情报机构掌握着成千上万个数据库，包括财务数据、DNA样本、语音资料、录像片段及世界各地的地图，但要在这些数据之间建立联系，却相当耗费时间。

如何从浩如星海的数据中快速找出有价值的线索，提前掌握恐怖分子可能发动袭击的消息，对情报部门的技术水平有非常高的要求。

彼得·蒂尔认为，最好的技术工程师都在硅谷这里，硅谷比政府承包商的技术更先进。如果由他们去建立一个大数据分析库，整合相互分离的数据库来进行搜索和分析，以提升数据分析效率，或许就可以向政府“推销”这项技术。于是，他开始向美国中情局推销这一方案，尽管离会议召开已经不足两个月，且产品还没做出来，但最终双方会谈非常成功。

美国中情局对这项技术方案很感兴趣，向其投了200万美元的天使投资。在这样的背景下，视眼石公司成立。此后，包括美国联邦调查局、美国中央情报局和美国国家安全局（NSA）等在内的很多美国反恐和军事机构都成为其主要客户。

据《福布斯》报道，美国海军陆战队已经采用了该公司的技术，希望借此对各种攻击展开分析。

视眼石公司的主营业务是：收集大量数据，帮助非科技用户发现关键联系，并最终找到复杂问题的答案。其开发的数据挖掘工具，可以让美国政府机构通过视觉化海量数据来发现数据之间蛛丝马迹的联系。这款数据软件可以分析多种多样的信息，包括手机号码、银行记录、人脉信息和车辆牌照等。因此，它也被称为“大数据行业的印钞机”。

自 2009 年以来，视眼石已经从美国联邦调查局、国防部和国土安全部获得了超过 2.15 亿美元的合同。其用户主要集中在华盛顿，来自政府的业务占据 70%。有了政府订单作为背书，其他客户对这个平台的信任感会增加很多。

大数据预测的广泛用途

彼得 · 蒂尔说：“卖给政府要花的时间更多，整个销售流程很长，但是一旦成功切入，将它们变成你的客户，你就获得了非常有价值的客户。如果CIA用了我们的产品，那么可能大银行就会同样愿意与我们合作。作为参考客户来说，情报机构在美国是非常重要的。”

视眼石另一个大数据分析业务在于金融服务，对象为对冲基金、银行和金融服务公司。

视眼石公司在数据分析方面的事件营销，成功吸引了大批金融类客户蜂拥而至。摩根大通、花旗银行等金融机构成为视眼石公司的首批客户，它们将视眼石的技术用于查找那些企图盗取客户账号的欺诈者。

视眼石公司也不断借由其核心能力，将其业务延伸到更多领域，如消弭犯罪活动及信用卡欺诈的行为、强化组织数据安全、协助军队制定决策、抑制疾病的传播、健康保险与房屋贷款的分析、协助办案及法律分析服务等，为其提供有价值的服务。除此之外，它还涉及大健康、医疗、能源等商业场景，在保证业务高效增长的同时，安全性也有所保障。

大数据预测面临的挑战

大数据带来了创新甚至革命，也同样面临严峻的挑战。

大数据常常挖掘数据间的相关性，可是相关性有没有意义，相关性是不是可靠，都可能受到质疑。

比如，大数据分析发现从2006—2011年，美国谋杀案比例与IE浏览器的市场份额具有很强的相关性：都呈急速下降趋势。然而，这样的相关性又有什么意义呢？很难解释其内在的关联。

又比如，谷歌公司推出的“流感趋势预测系统”，在刚刚推出时能够准确预测流感趋势。然而，4年之后就大失水准，甚至预测开始错得离谱。其预测的就诊数据比实际数据高出两倍之多，而且这种失准持续了很久也无法得到改善。

大数据面临的另一个挑战是噪声问题。数据量的增加会让分析结果更精确，但精确不等于正确，海量的数据会引入海量的噪声，这些噪声会淹没有效信号。

就在本·拉登“9·11”恐怖袭击发生前的几个月，美国联邦调查局探员肯·威廉姆斯发现，近几年亚利桑那州的多家飞行学院涌入了很多学员。他对这些学员进行了背景调查，发现他们大多与基地组织有关联。于是他给联邦调查局提交了一份“电子报告”，提到了基地组织可能正在将一些学生送到美国的各所飞行学院去学习，这些学员一旦进入民航系统，可能会借机发动恐怖袭击。

在长达6页的报告开头，肯·威廉姆斯曾明确写道：“本报告的目的在于，向联邦调查局和纽约市当局汇报一种预测的可能性，即本·拉登及其团伙可能正在合力将一些学生送到美国的各所民航院校去学习。”

然而，这份报告被标注为“普通”和“只是一种猜测，不是很重要”，最终湮没在联邦调查局堆积如山的报告中。

“9·11”事件发生后，人们称这份报告为“凤凰城备忘录”。

大数据分析同样可能出现“凤凰城备忘录”式的悲剧，有价值的信号湮没在巨大无比的噪声中。

大数据时代，既有机遇，也会面临挑战。人类从未如此高度地互联，人类也从未如此高速地生产数据，无论如何，属于大数据的时代已经拉开帷幕。

第 11 章

概率、统计与人工智能

2013 年 8 月，谷歌公司提出了一个票房预测模型，该模型仅以单词搜索量为依据，便可以提前一个月预测电影的首周票房，准确度高达 94%。更令人惊讶的是，这是一个简单的线性回归模型。谷歌是如何做到的？

凯文·凯利（Kevin Kelly，绰号 KK）是个难以定位的人物，他曾是科技杂志的主编，是周游世界的游侠，还是一位科技哲学家，曾撰写过多部科技哲学著作。KK 的第一部“神作”是 1994 年出版的《失控》，这本书不仅揭示了网络文化的内涵，甚至预言了网络文化的兴起。当时这本书读起来像一部长篇科幻小说，但互联网摧枯拉朽般地发展印证了书中所写。从这一点来看，KK 更像是一个科技预言家，他早于世人看清了网络文化的本质，预言了网络文化的盛行。

在凯文·凯利的新书《必然》中有这样一段描述：

2002 年左右，我参加了一家小公司举办的聚会。其间，我问这家公司的创始人拉里·佩奇："拉里，我搞不懂，已经有这么多家搜索公司了，你们为什么还要做免费网络搜索？"拉里·佩奇回答说："哦，我们其实是在做人工智能。"

拉里·佩齐正是谷歌公司的创始人。谷歌公司在新千年伊始就瞄准了人工智能技术，这同样是一次大胆的预言，事实证明，这个预言应验了。在过去的十几年里，谷歌收购了多达 13 家人工智能和机器人公司，制作出了安卓手机系统、谷歌地图、谷歌眼镜、无人驾驶汽车、无人机等多款智能产品。在谷歌看来，人工智能并非机器人代替人类来工作，人工智能要做到人类做不到的事——预测未来。

凯文·凯利在《失控》中曾提到，当高度互联的低级群体的数量大到一定程度时，群体特征便会涌现出来，该特征是群体中的任何个体都不具备的。比如，大量水滴汇集成河水、海水，便会产生让水滴"感到陌生"的新特征——旋涡和波浪。大量机器聚集起来能否涌现出智慧？这个曾经的哲学问题被数据科学家解决了——机器不仅会拥有智慧，而且会越来越聪明，因为人类赋予了机器学习的能力。

贝叶斯定理与机器学习

十几年前，沃尔玛超市从销售数据中发现“啤酒和尿布”的关联关系，令世人震惊。如今我们回头去看，这只是机器学习中十分简单的关联算法。

机器学习，即让计算机具有学习能力。近几年来，伴随着数据量的高速增长，可供计算机学习的素材越来越多，机器学习的各种算法也迅速发展和普及。邮件服务器可以自动识别垃圾邮件，亚马逊网站自动向你推荐“你可能喜欢的”商品，量化投资基金通过高频交易赚取利润，公安局利用监控录像识别嫌疑人身份。贝叶斯分类器、逻辑回归、Apiriori 关联等机器学习算法得到越来越多的应用。大数据时代就是机器学习的时代。

2016 年 3 月 15 日，谷歌围棋人工智能程序 AlphaGo 以 4 ：1 的总比分战胜了韩国棋手李世石，令世人哗然。AlphaGo 是如何练成的？答案是深度学习。深度学习是机器获得智慧的另一种方法，它模拟人脑神经网络的学习模式，实现由简单到复杂的学习过程。简言之，深度学习将使机器拥有创造力甚至想象力!

在机器学习和深度学习的辅助下，正在涌现智慧。

贝叶斯定理由 18 世纪的英国数学家贝叶斯提出，它探讨的是两个条件概率之间的关系。通常，事件 A 在事件 B（发生）的条件下的概率，与事件 B 在事件 A 的条件下的概率是不一样的。然而，这两者是有确定的关系，贝叶斯法则就是这种关系的陈述。

举个例子，有两个盒子，第一个里面有 10 个红球、30 个白球，第二个里面有 20 个红球、20 个白球。基于这个条件计算概率是很容易的。比如，从第一个盒子里摸 1 个球，拿到红球的概率是 25%，拿到白球的概率是 75%；从第二个盒子里摸 1 个球，拿到红球和白球的概率是一样的，都是 50%。

现在，遮挡住盒子，并从里面取出 1 个球，发现是 1 个红球，那么这个球是从第一个盒子里取出来的概率是多少呢？如果我们把盒子称为“A 事件”，把红球称为“B 事件”，那么这个问题就是在已知事件 B 发生的条件下，事件 A 发生的概率是多少。这就是贝叶斯定理要解决的核心问题。

在贝叶斯定理中，P（A）被称为A的先验概率，P（A/B）

被称为后验概率（也就是我们要求的概率），P（B/A）被称为已知A事件发生B事件发生的条件概率，P（B）被称为“B的先验概率”，或者叫“标准化常量”。

贝叶斯定理的公式：P(A/B)=P(A)×P(B/A)/P(B)

在上一个红球的问题中，P（A）=1/2，P（B/A）=1/4，P（B）=3/8P（A/B）=（1/2）×（1/4）/（3/8）=35%

如果将贝叶斯定理的公式转化为文字的话，就是：

后验概率 =（似然度 × 先验概率）/ 标准化常量

也就是说，后验概率与先验概率和似然度的乘积成正比。简单翻译这个公式的话，就是我们预测的对象，要随着出现的相关性的证据和事实，不断进行相应的修正和调整。

深度学习是一种为非线性高维数据进行降维和预测的机器学习方法。而从贝叶斯概率视角描述深度学习会产生很多优势。

谷歌流感趋势

2008 年年初，谷歌推出了“谷歌流感趋势”。

这个工具根据谷歌搜索数据的汇总，近乎实时地对全球当前的流感疫情进行估测。

当时，“大数据”的概念尚未普及，数据预测技术还处于萌芽期，GFT 的英文全称 Graph for Talent（人才思维模型分类）并未引起广泛关注。

2009 年，谷歌使用 GFT 不仅成功预测到 H1N1 在全美范围的传播，而且对病毒暴发时间和地点判断极其准确。媒体纷纷报道了这次令人称奇的预测，GFT 引起了全世界的关注。与习惯性滞后的官方数据相比，谷歌成为一个更有效、更及时的预测指标。

其实，谷歌的工程师们很早就发现：在流感季节，与流感有关的搜索量会明显增多；到了过敏季节，与过敏有关的搜索量会显著上升；而到了夏季，与晒伤有关的搜索量又会大幅增加。

我们知道，没有任何患病症状的人是不会去搜索疾病相关的关键词的，因此，疾病相关的关键词搜索量很可能有助于了解疾病的传播和分布情况。

2009 年 2 月的《自然》杂志刊发了一篇题为《利用搜索引擎查询数据检测流感疫情》的论文，文中介绍了 GFT 的原理。谷歌以相关性为衡量指标，找到了 45 个与流感就诊密切相关的搜索关键词，然后以这 45 个关键词的搜索量为参考值，估算流感症状的就诊比例，预测得非常准确。

然而，GFT在受到世界瞩目之后，却遭遇了尴尬的“见光死”。

2013年1月，季节性流感再次在美国爆发，这一次GFT遭遇了“滑铁卢”，它预测的就诊数据比实际数据高出两倍之多。媒体报道了GFT的错误预测，并且指出，在2013年之前的很长一段时间内，GFT都高估了流感疫情。从2011年8月至2013年9月的108周中，GFT高估流感疫情长达100周。这些错误不是随机分布的，说明GFT的确出现了错误。

从精准的预测，到巨大的错误，GFT的大起大落令人唏嘘。但不可否认的是，GFT是一次伟大的尝试，是数据预测技术的一次零的突破，从此数据预测渐渐成为科技领域的热门课题。

谷歌如何提高票房预测准确率？

2013年8月，谷歌公司开始把大数据技术应用到电影票房的预测上，并撰文公布了研究成果《用Google搜索量化电影票房》（Quantifying Movie Magic with Google Search）。该报告称，谷歌的预测模型可以提前一个月预测电影上映的首周票房，准确度高达94%。令人吃惊的是，谷歌并没有搜集各种电影相关的数据来提高预测准确度，而是仅仅使用了他们自有的数据——单词搜索量，而且，谷歌的预测模型居然是概率统计中最简单的线性回归模型。

据谷歌统计，从 2011—2012 年，谷歌的电影相关搜索量增长了 56%，正是由于人们越来越多地使用谷歌搜索电影相关信息，才使得谷歌萌发了票房预测的想法。

谷歌选取了 2012 年上映的 99 部电影，绘制出了搜索量和票房的关系图，并试图构建一个线性模型，可是预测准确度只有 70%。

为了提高预测准确度，谷歌需要搜集更多的数据，经过反复的试验，它们选定了放映前一周的搜索量、广告点击量、上映影院数量和同系列电影前几部的票房表现四类指标，重新构建线性模型，将预测准确率一举提高到了 92%。

可惜的是，提前一周预测票房对电影的营销几乎没有帮助。因为在电影上映前一周，营销策略几乎无法更改，即使更改，效果也来不及体现。因此，谷歌需要挑战更高的难度——提前 1 个月预测。

在电影上映前 1 个月，电影的搜索量还不够多，难以用来预测，谷歌挖掘出了另一个更有说服力的指标——电影预告片的搜索量。现在，几乎每部电影都会在放映前投放预告片，观众也喜欢在影片上映前搜索预告片来观看。因此，谷歌将预告片的搜索量作为票房预测的一个指标。除此之外，谷歌还选择了以同系列电影前几部的票房和档期的旺季淡季特征作为参考指标，使用这些指标构建的线性模型最终实现了准确率高达 94% 的预测。

决策树与“随机森林”

决策树（Decision Tree）是在已知各种情况发生概率的基础上，通过构成决策树来求取净现值的期望值大于等于零的概率，评价项目风险，判断其可行性的决策分析方法，是直观运用概率分析的一种图解法。由于这种决策分支画成图形很像一棵树的枝干，故称“决策树”。一言以蔽之，它本质上是一个基于概率与图论思想，获取最优方案的风险型决策方法。

“随机森林”是数据科学领域最受欢迎的预测算法之一，20 世纪 90 年代由统计学家利奥·布雷曼（Leo Breiman）提出，因其简单性而备受推崇。虽然“随机森林”有时并不是最准确的预测方法，但它在机器学习领域却拥有特殊地位，因为即便是数据科学方面的新手，也能运用和理解这种强大的算法。

在2017年一项关于自杀预测的研究中，就用到了“随机森林”。该研究由范德堡大学的生物医学－信息学专家科林·沃尔什（Colin Walsh）及佛罗里达州立大学的两位心理学家杰西卡·里贝罗（Jessica Ribeiro）和约瑟夫·富兰克林（Joseph Franklin）开展，他们想看看能不能利用5000名自残病人的数据，来预测这些病人自杀的可能性。这是一项回顾性研究（译注：指以现在为结果，回溯到过去的研究）。遗憾的是，研究还没有结束，已经有近2000名患者自杀身亡。

总体来看，研究人员可以利用1300多个不同的特征来进行预测，包括年龄、性别及个人病历的各个方面。如果随机森林做出的预测被证明是准确的，那么从理论上来说，这种算法以后也可以用于识别自杀风险高的人，为他们提供有针对性的治疗。这会是一件善事。

如今，预测算法无处不在。在当今这个数据丰富、计算能力强大又便捷的时代，数据科学家越来越多地利用个人、企业和市场的信息（不管什么方式获得）来预测未来。算法不仅可以预测我们想看哪部电影，哪些股票的价格会上涨，还能预测我们最有可能对社交媒体上的哪些广告感兴趣。人工智能（AI）工具也往往依靠预测算法来做出决策，比如汽车自动驾驶系统。

预测算法最重要、最个性化的应用也许是在医疗领域。算法驱动的AI或许会彻底改变我们诊断和治疗疾病的方式，从抑郁症、流感，到癌症、肺衰竭，无一例外。因此，预测算法虽然看似晦涩深奥，但它值得我们去认识和理解。实际上，很多情况下，它理解起来还是比较容易的。

理解“随机森林”的第一步是理解决策树。毕竟，森林是由一棵棵树组成的。

决策树是基于这样一个想法：我们可以通过提出一系列是非问题来做出预测。例如，就自杀预测而言，假设我们只有三条信息可用：是否被诊断为抑郁症，是否被诊断为躁郁症，过去一年里是否到急诊室就诊三次以上。

决策树的一个优点在于，不同于其他常见的预测方法（比如统计回归），决策树模拟了人类做出猜测的方式。这使它相对更容易被理解。考虑到隐私问题，研究人员不会公布真实数据，以下是假设的一棵决策树，利用我们掌握的上述三条信息来预测一个人是否会自杀。

决策树的分叉点旨在最大限度地减少不正确的猜测。虽然人也有可能计算出正确的分叉点，但数据科学家几乎总是让计算机来做。

决策树的缺点在于，想要做出正确的预测，不能单靠一棵决策树。你需要生成很多不同的决策树（上述例子中即为抑郁症 / 躁郁症 / 急诊室就诊），然后取所有这些决策树的预测平均值。这就是复杂之处：如果只有一个数据集，如何生成不同的决策树？如果使用同样的数据，每棵决策树难道不是相同的吗？

这就把我们引向了对现代机器学习的一个重要认识。一个数据集其实可以通过重采样，变成很多不同的数据集。重采样是指随机排除一些数据，从而创造出新的数据集。

比方说，预测自杀可能性的研究人员有一个数据集，包含 5000 人的数据。为了通过重采样创造出“新”的数据集，研究人员会从 5000 人中随机选择一个人剔除，并将这个过程重复 5000 次。由此产生的数据集不同于源数据集，因为同一个人可以被选中不止一次。由于概率法则，任何特定的重采样数据集只会使用源数据集 5000 人之中的 3200 人左右，另外 1800 人不会被随机选中。有了重采样数据集，研究人员就可以生成新的决策树，它可能略微不同于利用源数据生成的决策树。

如果随机重采样碰巧排除了罕见情况（也就是“异常

值”)，那么准确性就会提高；如果碰巧包含了所有的异常值，排除了一些更典型的情况，那么准确性就会降低。但重点在于，你生成的新决策树不止一棵。就“随机森林”而言，你生成了大量的新决策树。预测自杀可能性的研究人员生成了 500 棵不同的决策树。由于是计算机来完成所有工作，研究人员有时会生成数千乃至几百万棵决策树。通常来说，500 棵决策树就够了，“随机森林”的准确性是有上限的。

一旦“随机森林”生成，研究人员往往会取所有决策树的平均值，得到研究结果的一个概率。例如，一名 40 岁男性，收入为 4 万美元，有抑郁史。如果 500 棵决策树中的 100 棵预测他会自杀，那么研究人员可以说，拥有这些特征的人的自杀概率为 20%。

为了理解重采样的重要性，我们来看一个例子。假设你想根据年龄、性别和收入来预测普通人的身高，而职业篮球运动员勒布朗·詹姆斯（身高2.03米/男性/年薪3565万美元）和凯文·杜兰特（身高2.08米/男性/年薪2654万美元）随机进入了你的100人样本。一棵决策树如果按照这些超级富有的篮球明星来预测身高，就可能做出错误的预测，认为年薪超过2500万美元的人都长得很高。而“重采样”能够确保，最终分析所包括的一些决策树排除一些特殊案例，从而提供更加准确的预测。

我们还需要做另一件事，让“随机森林”真正体现出随机性。

用重采样数据集生成的500棵决策树虽然各不相同，但差异并不是很大，因为每个重采样的大部分数据点都是一样的。这把我们引向了对“随机森林”的一个重要认识：如果限定了你（或者计算机）能够从任何分叉点选择的变量的数量，就可能得到全然不同的决策树。

在关于自杀预测的研究中，研究人员有大约1300个变量可用来做出预测。在典型的决策树中，这1300个变量中的任何一个都可以用来生成决策树的分叉点。但“随机森林”的决策树却不是这样：可供计算机选择的变量只有一部分，而不是全部1300个，并且是随机选择。

这种随机性使“随机森林”中的每棵决策树都是不同的。在对自杀预测的研究中，一些决策树可能包含了是否诊断为抑郁症的变量，而另一些决策树可能没有包含这种变量。用术语来说，我们已经让决策树“去相关”。接下来，再取这些去相关决策树的预测平均值（自杀预测研究中有500棵），即为“随机森林”的最终预测结果。

从每棵决策树中剔除一些变量，使每棵决策树不那么准确，最终的预测反而更好，这是怎么回事呢？在上述预测身高的例子中，用收入来预测身高的所有决策树都会认为，高收入者长得极高。但如果身高变量从一些决策树中被随机排除，这些决策树对普通人身高的预测将会更加准确。

一种好的自杀预测算法，应该具有两个特征：一是在某人不会自杀的情况下，很少预测此人会自杀；二是在某人会自杀的情况下，很少漏掉此人。范德堡大学和佛罗里达州立大学研究人员开发的“随机森林”算法，在这两个方面都表现得不错。

我们用真实结果来做检验。如果该算法预测一个人的自杀概率为50%或更高，那么有79%可能，此人确实会自杀。如果该算法预测自杀概率不到50%，那么只有在5%的情况下，此人会发生自杀行为。

“随机森林”的一个优势在于，除了是非预测以外，它还提供了一个概率。假设“随机森林”预测一个人的自杀概率为45%，另一个人为10%。对于这两个人，算法认为他们不会自杀的可能性更大。但决策者也许想制定一个计划，把算法认为自杀概率高于30%的所有人都作为目标对象。

统计学家和计算机科学家开发了很多预测算法，“随机森林”只是其中之一。某些情况下，“随机森林”是最好用的。例如，在对自杀预测的研究中，“随机森林”的预测准确性大大高于更简单的回归算法。但在另外一些情况下，其他算法可能会给出更好的预测。最受欢迎的是支持向量机和神经网络。如果你有很多可能的预测指标，比如你想根据基因数据来预测某种疾病的遗传可能性，那么支持向量机非常有用。神经网络算法往往非常准确，但用起来极为耗时。

遗憾的是，上述关于自杀预测的研究并非一种常态。眼下，算法最常用于定向广告和识别欺诈，而不是改善公共政策。不过，有些机构正尝试将算法用于公益事业。例如，Data Kind 为纽约市约翰杰伊刑事司法学院开发了若干预测模型，帮助他们识别面临辍学风险的学生，哪怕他们即将毕业。这些模型是在 2017 年开发的，它基于 10 多年的学生数据，将用于为辅助项目确定目标对象，帮助那些面临辍学风险的学生。

这些数据模型也许看起来晦涩难懂，实际上并非如此。你如果稍有数学头脑，就会知道如何理解和运用算法。掌握这些工具的人越多，它们就越有可能去解决各种各样的社会问题，而不仅仅是用于商业。

第 12 章

统计黑客

先介绍两个概念：零假设和显著性。

零假设（Null hypothesis），是一个统计学术语，又称“原假设”，指进行统计检验时预先建立的假设。零假设成立时，有关统计量应服从已知的某种概率分布。当统计量的计算值落入否定域时，可知发生了小概率事件，应否定原假设。

显著性，又称“统计显著性（Statisticalsignificance）”，是指零假设为真的情况下拒绝零假设所要承担的风险水平，又叫“概率水平”，或者“显著水平”。接着，我们要介绍一个重量级“贵宾”——P 值。

什么是 P 值?

随便翻开一本统计学教科书，都会看到这样的定义：

P 值是在假定原假设为真时，得到与样本相同或者更极端的结果的概率。

很拗口，也很费解。

换句话说，所谓 P 值，指的是全凭侥幸出现你所观察到的结果的可能性。

我们今天所广泛使用的一整套统计推断和假设检验方法及其思想体系，是以频率学派为主导的，它是由活跃于 20 世纪的英国统计学家现代统计学之父罗纳德·艾尔默·费希尔（Ronald Aylmer Fisher）开创的。P 值能做的，就是在特定的零假设条件下对数据特征进行分析。

P 值自 1925 年诞生以来就风光无限。1925 年，统计学权威费希尔教授出版了《研究工作者的统计方法》一书，引起巨大反响。

费希尔在书中提出了 P 值的概念，可以用作衡量某个研究成果是否只是一时侥幸。显然，没有哪位科学家想在一个偶然结果上大做文章。费希尔建议，避免这一点的办法是计算出 P 值。根据费希尔的定义，P 值是指在假定这些结果是侥幸出现的前提下，仍能得到真正科学发现的概率。

统计权威费希尔

费希尔几乎凭借一己之力创造了被称为“随机对照试验”的方法。这个方法不但改变了科学哲学，甚至将科学能够影响到的领域爆炸性地扩大。虽然有伦理性和可控性等现实的制约，但科学无法解释的东西已经不存在了。

费希尔于1935年完成的著作《试验设计》首次创立了随机对照试验的体系。在这本书中，提到了一个妇人和奶茶的故事。

在20世纪20年代末的英国，一个阳光明媚的午后，许多英国绅士与妇人们在室外的餐桌旁享用美味的红茶。这时，有一位妇人说道：“奶茶是先放红茶还是先放牛奶，味道完全不一样，我一下子就能品尝出来。”就连这个看上去只是随口说说的事情，随机对照试验也能够对其进行科学证实。

在场的大部分绅士都对妇人的说法一笑了之。根据他们学过的科学知识，红茶和牛奶只要混在一起，就没有任何化学性质上的区别。

但是，只有一位身材矮小，戴着厚厚的眼镜，留着小胡子的男子对妇人的说法很感兴趣，并且提出“那么我们来做个试验”。这名男子正是费希尔。

费希尔迅速地将茶杯摆成一排，在妇人看不到的地方准备了两种冲泡方法不同的奶茶。然后，他让妇人按照随机的顺序品尝奶茶，并且将妇人的回答记录下来，用概率进行了计算。

虽然这种方法比只有一次的试验稍微科学一些，但其准确性仍然很低。因为如果有“交替重复”这种规律存在的话（而且妇人也知道这种规律，或者偶然间发现了规律的话），那么只要偶然猜中第一杯奶茶的结果，后面的答案也就全都随之揭晓了。

当然，先连续给她 5 杯“先放红茶的奶茶”，再连续给她 5 杯“先放牛奶的奶茶”的方法也不推荐。因为这样只要第一次偶然猜对，接下来只要猜出“第几杯开始更换”就可以了。而且，之前品尝的“先放红茶的奶茶”肯定比后来“先放牛奶的奶茶”的温度更高，单凭温度进行判断也可以被她偶然猜中。

那么究竟应该怎样做才好呢？只要将两种奶茶随机交给妇人，然后看她能够猜中几个就好了。这就是随机对照试验的基本思考方法。因为奶茶是随机选择的，而且是在她看不见的地方倒好的，所以根本无法预测顺序。

在《试验设计》一书中，并没有记录妇人回答的结果和试验的结论。但是，据当时也在场的 H. 费尔菲尔德·史密斯（他也是在康涅狄格大学以及宾夕法尼亚大学担任教授的统计学家）回忆，那位妇人的回答全部正确。也就是说，如果那位妇女随机品尝了 5 杯奶茶，那么偶然猜对的概率就是 2 的 5 次方分之一，即 1/32（约 3.12%），而如果那位妇女随机品尝了 10 杯奶茶，那么偶然猜对的概率就是 1/1024（约 0.09%）。

如此之低的概率显示，这位妇人确实有某种方法可以分辨奶茶的冲泡方法。

费希尔用以下规则将 P 值与统计显著性联系起来：如果某项研究成果的 P 值低于 5%，那么它可以被认为具有统计显著性。这听起来虽然会让人困惑，但似乎问题不大。然而，还有一个巨大的陷阱在等待着迅速接受了这一切的人。费希尔提出，如果假定某个结果缘于随机巧合或侥幸，且它再次出现的概率低于 5%，那么这个结果就具有统计显著性。

在显著性检验中，当 P 值小到一定程度时，我们就认为原假设不成立。可是为什么这条线就划在了 0.05 这里？

这个问题有一个很“丧”的答案：这只是费老随口那么一说。

费希尔提出了这么一个奇怪的概念的动机何在？简单地说，他决心避免贝叶斯定理中无法避免的事：引入先验知识和信念去解释科学数据。费希尔教授是位杰出的数学家，他认识到任性地把条件概率颠倒过来计算存在漏洞。他也了解贝叶斯定理，知道它提出的先验知识存在的问题，以及贝叶斯、拉普拉斯和其他人如何尽力解决这个问题。他厌恶引入主观想法以评估证据的方式。为了掩饰这份发自内心的厌恶，他常试图用看似冷静的技术来抵制贝叶斯定理。

这样一来，费希尔别无选择，只能编造一些与贝叶斯定理无关的方法，以帮助研究人员用来衡量其研究成果的意义。他的办法就是引入 P 值，其定义反映了它的起源：试图避免不可避免之事。单单使用 P 值衡量某一成果是否侥幸所得的做法，并不可取。费希尔使用“显著性”去形容 P 值较低的研究成果，看起来更像是为了回避严肃的数学事实而设计的文字游戏。可以确定的是，它使 P 值被人们误解了，而这正是现实中发生的事。

起初，甚至连费希尔自己也以为，P 值低就意味着某项研究成果的侥幸概率低。

公平地说，费希尔在自己的著作出版后，也发出过警告。他只是用 P 值作为一种判断数据，在传统意义上是否显著的非正式方法，也就是说，用来判断数据证据是否值得进行深入研究。但这种车轱辘话并不能引起人们的警觉。

20 世纪 50 年代初，当人们认为费希尔的理论是科学研究的一次“彻底革命”时，一位著名统计学家则表达了他的担忧：科学家们会将“显著性”视为科学研究工作的一切。

这种担忧不无道理，自从费希尔提出以 P 值衡量科研成果以来，诱导了无数研究人员犯错误。这导致各类学术期刊刊登了各种不靠谱的研究成果：要不是某些奇怪的结果能通过显著性检验，它们就不会引起学界和大众的重视。

为了追求所谓的显著性结果，不少研究者选择进行“P 值操纵”（P-hacking），即研究者在收集实验数据时，在没有假定一个“零假设”的前提下，却故意在实验结果中让 P 值达到可以发表的程度，而这也导致一些探索性研究结果，看似确定无疑，实际上却难以重复。这也是许多科研者会担忧 P 值会产生假阳性结果的原因所在。

绝大部分医学研究都有可能是错的

我们经常会在媒体上看到一些彼此矛盾的研究成果。比如，有研究认为，手机辐射跟脑癌之间存在关联，有些研究又说这种关联证据不足。有时候他们说大蒜可以降低有害胆固醇，有时候又说大蒜其实不能降低有害胆固醇。这常常让公众感到无所适从。

再如，自媒体上教你如何吃、什么维生素对身体有益之类的文章，哪怕是发表在最权威医学期刊上的那些高引用率论文，基本上全是扯淡。说这句话的人是斯坦福大学预防医学研究中心主任，名叫约翰 P.A. 尤尼迪斯（John P.A. Ioannidis），他针对的是整个医学研究。

2005 年，约翰·尤尼迪斯斯发表两篇论文，证明大部分医学研究都存在问题。这两篇论文在医学界被引用好几百次，但是没多少人说他这个看似无比偏激的结论是错的，甚至没人表示惊讶。所有搞医学研究的科学家都知道这个秘密：医学研究确实算不上严密。

然而，直到 2010 年，大众才普遍关注到这一观点。首先是《亚特兰大月刊》发表充满愤怒的长文，标题采用英国首相迪斯雷利发明的著名句式：“谎言，该死的谎言，和医学研究”。

《时代周刊》干脆以“90%的医学研究都是错的”的惊悚标题跟进了报道。

这也引起了公众的讨论，比如，没事儿去检查自己有没有患上前列腺癌，不但降低不了死亡率，这么瞎折腾说不定弊大于利。

或者如美国总统特朗普说的，注射流感疫苗就是个彻头彻尾的商业谎言。

约翰·尤尼迪斯说，在医学研究中被广泛使用的统计方法，其实是个非常脆弱的体系。如果你的一项研究是考察某种药物对人的健康是否有好处，而你希望能证明有好处的话，你将很容易做到这一点。首先，现在大部分医学科研研究的效应其实都是比较微弱的，因为“不微弱”的效应，别人早就研究完了。其次，也许一个病人的病情并没有什么明显好转，但因为你希望这个药物有效，你也许会完全无意识地刻意寻找病人好转的证据，你可能会把本来没什么好转的病人当成好转的病人。这就是你的偏见。

科学家是人，但不是圣人，他可能或明或暗地拿了医药公司的赞助。他更可能为了能发表有轰动效应的论文而追求惊人的结果。

约翰·尤尼迪斯估算，大约八成的流行病学研究都有问题。约翰·尤尼迪斯这篇文章通过数学方法证明了其中的偏差。

约翰·尤尼迪斯在1990年到2003年间发表在顶级临床医学期刊上的顶级论文有49篇（注：该期刊入选标准是论文被引用超过1000次）。约翰·尤尼迪斯入选的49篇中，有45篇声称发现了某种有效的药物或者疗法。

我们都知道科学结果理应是可重复的，我们不知道的是有多少科学结果真的被人重复过。这45篇论文虽然都被引用了千次以上，其中只有34篇被重复检验过。

而后检验的结果是其中7篇的结论错误。比如有一篇论文说维生素E对降低男子冠心病风险有好处，有一篇论文说维生素E对降低女子冠心病风险有好处，而后来的大规模随机实验则证明维生素E对降低冠心病风险根本没好处。

另有7篇论文被发现是夸大了有效性。也就是说34篇经过检验的论文中的14篇（41%）被发现结论有问题。这45篇最权威的论文中只有20篇扛过了时间的考验。

顶级论文尚且如此，遑论一般论文！要知道，很多所谓的论文，常会引用这些顶级理论的结论。也就是说，这些错误的顶级论文还会繁殖很多的子子孙孙。

严格来说，不能说绝大多数医学研究“错”了，只能说不严谨。要知道，科学不等于真理，科学的，不等于正确的。

药效也是个概率问题

你听说过 NNT 这个概念吗？

NNT（Number needed to Treat）意思即“治疗所需人数”，是指多少人服用了某种药，或接受了某种手术或其他任何治疗方案，才会有 1 个人受益。

NNT 是很多制药公司不愿提起的一个话题。真正能揭露行业内幕的，还是内行人士。据葛兰素史克制药公司估算，90% 的药品只对 30%~50% 的人有用。

假设你身体不适，去医院做了个体检。

医生说：“我刚收到你的化验报告，你的胆固醇很高啊。”

众所周知，胆固醇高会增加患心血管疾病、心脏病和中风的风险。你觉得胆固醇高不是一件好事，要尽快把指标降下来。

医生说：“对于你这种情况，一般开的最多的处方药就是他汀类药物。”

甚至，他还向你透露，其中仅辉瑞公司的一个他汀类单品“立普妥”，年销售额就能达到百亿美元，由此可见这种药物多么受欢迎。

你想了想，好像隔壁老吴就一直服用这类药，这么多人的选择，应该没什么大问题。于是你接受了医生的建议。

你拿到了药物，看到包装十分精美，上面甚至连提醒你星期几服药都做了标注。你对这种药品的信任度又提高了一层。

一直以来，你有一个观念：有病早治，没病早防。如果有了病，治总比不治要好，有所作为总比无所作为要好。

于是你想，这数字当然应该是1啊。这药物对我如果没有一丁点儿好处，医生也没有必要开给我呀。

抱歉，医生从未对你做过这种承诺，现代医学实践的逻辑不是这样的。就算你去医院割个包皮，医院也要和你签“生死状”。

他汀类药物是人类社会最受欢迎的处方药之一，它的NNT的数值是多少？

答案是300。也就是说，必须有300人服用此药1年时间，才能预防1起心脏病、中风或其他疾病。

你或许会说：“好吧，三百分之一的受益概率是很低，但吃总比不吃要强那么一点点吧。”

但是，这个时候你还应该想到，收益与风险总是相伴而生——吃一种药会带来什么风险，或者说一种药的副作用是什么？

上网搜索相关信息，发现这些副作用包括：记忆力损伤、肌无力、关节疼痛和肠胃不适……

假设这些副作用仅仅会发生在5%的患者身上，那么你受益于这种药物的可能性，将是受害于这种药物可能性的15倍。

这个时候你还愿意以身试药吗？

其实，你最应该做的是再问一遍医生：“你是我的话，你会对自己采取什么治疗方案？”而不是“我的病应该怎么治？”

毕竟，你想要的是健康，而不是某个身体指标的合格。

美国医生特鲁多有句名言流传甚广：“有时去治愈，常常去帮助，总是去安慰。”

这其实坦承了一个事实，治疗这件事原本就是一场赌博，在下注之前，最好能掂量一下自己的运气。

丑闻缠身的 P 值

2018 年 10 月 15 日，哈佛医学院及其附属布莱根妇女医院公布，从多个医学期刊上撤回哈佛医学院再生医学研究中心前主任皮耶罗·安韦萨的论文，撤回数量高达 31 篇，均涉嫌伪造和篡改实验数据。

这一消息震惊全球学术界，因为安韦萨曾被认为开创了心肌细胞再生的新领域，已经享誉 10 多年。

P 值是学术造假的主要帮凶，那些利用 P 值造假的人被称为“P 值黑客”。

2007 年，安韦萨就职于哈佛大学医学院，在该机构附属的布莱根妇女医院领导一个再生医学实验室。他陆续发表了多篇文章，被认为是心肌再生领域的开创者和“祖师爷”，全球许多地方的研究者都试图追随他的脚步，实现修复心脏这个充满希望的梦想。

但是，陆续有研究人员发现，安韦萨所描述的方法不能被重复。2014 年，他发表在美国《循环》杂志的一篇论文被撤稿。2015 年，他从布莱根妇女医院离职。

哈佛大学医学院并没有因为安韦萨已离职而放弃追查，此后对外宣布，安韦萨有 31 篇论文存在造假问题，已通知相关期刊撤稿。目前，还不清楚这些论文发表在哪些期刊上。除了已撤稿的《循环》外，英国著名医学期刊《柳叶刀》曾发表简短声明，对哈佛大学医学院调查安韦萨论文造假表示“关切”。

“撤稿观察”是专门关注学术界撤稿的网站，根据其统计，撤稿最多的是日本麻醉研究者藤井善隆，共有 183 篇论文被撤；排第二的德国人约阿希姆·博尔特也在麻醉行业，有 96 篇论文被撤。

从数量上看，安韦萨不算最多，却引起巨大震荡，主要还是因为他声称的研究成果曾被认为开创了一个新领域。全球许多地方的科研人员都按照安韦萨的描述，将大量资源投入利用干细胞修复心脏的研究中。

美国政治学顶级学术期刊《政治分析》在他们的官方推特（Twitter）上宣布从 2018 年开始的第 26 辑起禁用 P 值。

因此，自从 P 值诞生，质疑之声也从未停止，它被比做过挥之不去的“蚊子”“皇帝的新装”及“不育的风流才子”手中的工具——这位“才子”强抢了科学“佳人”，却让科学“佳人”后继无人。

第 13 章

胴体大猜想

1906 年秋，统计狂人高尔顿（Francis Galton）离开位于普利茅斯的家，动身前往英格兰西部。

高尔顿时年 85 岁，阅历已经为他积累了超凡的智慧。他的统计学发现既为他赢得了声誉，也让他收获了恶名。

比如，高尔顿推崇优生学，认为人的天赋特质可以通过优生学得以遗传。

在 1884 年伦敦国际博览会举办期间，高尔顿发起成立了“人体测量实验室”。在该实验室里，他用自己研制的设备对参加展会的人进行测验，测验项目还涉及“视力和听力的敏锐度、色感、眼睛的判断力及反应时间”。实验的结果使得他对一般人的智力基本不抱信心：“大多数人生性愚钝，冥顽不化，这几乎无法让人相信。”高尔顿认为，政府只有采取激进、强制的择偶以及优生优育政策，才能确保社会健康发展。

再比如，他认为人的犯罪特质可以遗传，警察甚至可以通过一个人的面相来权衡他可能成为罪犯的概率。这显然是一种政治不正确，必然为他招来不少骂名。

高尔顿的意外发现

高尔顿要去的是一年一度的英格兰西部食用家畜和家禽展会，这是当地农民和城镇居民组织起来对彼此饲养的牛、羊、鸡、马和猪等的品质品头论足的地方性集市。高尔顿此行的本意，也和优生学有关，研究怎样才能繁殖出更优良的牲畜。

在展览会上，一头巨大的公牛当之无愧地成了明星。展会参与者们根据自己的知识和判断力，评估这头牛被宰杀后的重量。

为了加大难度，主办方要求众人给出公牛的胴体重量——也就是畜体减去头、四肢、器官和内脏后的重量，而非简单的毛重。猜的最准的人将获得大奖。

这个竞猜游戏，只要交纳 6 便士的门票就能参与。总共售出 800 张门票，实际 787 人有效参与了这场赌博。因为还有 13 人连字都写不好，字迹无法辨认，只能被排除出游戏。

最后，只有一个人猜对了正确结果。但是，这场赌博最大的赢家其实另有其人，他就是统计学家高尔顿。

高尔顿曾公开鄙视过草根的愚蠢，他们不过是一群乌合之众。高尔顿相信只有精英人物才能做出准确的估测。

■弗朗西斯・高尔顿（Francis Galton，1822-1911），英国科学家和探险家。

而这 787 位猜测者中大部分都是乡下的农牧民。为了调查大众猜测公牛重量的方法，高尔顿搜集了所有展会参与者的答题板。通过分析，他算出了所有猜测的平均数，请注意，是平均数而不是当时统计学家常用的中位数——

1119磅。得知公牛胴体实际重量后，高尔顿不禁吃了一惊——1198磅！

高尔顿认为，这可能不是一个巧合，而可能是一个惊人的发现。

此外，尽管人们猜的答案五花八门，但其中心值（猜低于和高于这个值的参赛者人数一致）是1208磅（约555公斤），与真实值偏差仅1%左右。

大家各猜各的，但最终得出的中心值却与正确答案如此接近，这是怎么做到的？难道只是巧合吗？

有人分析认为，这项竞猜其实集合了各类专业人士，缴费参与的方法过滤掉了很多纯粹为了打发时间和没有计算头脑的懒人，这就减少了“愚蠢偏见”。同时，好胜心驱使参与者各显所能，从而进一步提高了答案的准确度。大家都不想输，也希望自己的努力赢回票价，所以使出浑身解数竞猜。在这样的情况下，将所有猜测结果结合起来后，就会十分接近真实答案。至少，在“猜公牛体重”这个案例中，其准确度令人惊讶。

民主决策的科学性

如果把这场胴体竞猜比喻为一场投票决策的话，高尔顿感兴趣的是弄清楚“有投票权的普通人”能做什么。

从自身立场来讲，高尔顿希望证实的是有投票权的普通人的能力非常有限。于是，他将竞猜变成一场事先毫无准备的实验。

当竞猜结束，奖品分发完毕后，高尔顿从竞猜组织者那里要来了所有资料，然后对参加竞猜打赌的人进行了一系列统计分析。高尔顿对竞猜结果进行编号，从高到低依次排列，并将这些数据制成图表，看看是否呈钟形曲线。

此外，他将所有竞猜者的估计重量都附在表上，然后计算出这组竞猜数据的平均值。你不妨说这个平均值就是普利茅斯参加竞猜的这个群体的集体智慧。如果这个群体是单个人的话，那么牛的酮体重量的猜测结果会是多少呢?

毫无疑问，高尔顿认为这个小组的平均猜测值与标准值相去甚远。毕竟，几个非常聪明的人和一些平庸的人及一大堆愚钝者混在一起，似乎更倾向于得出一个“愚蠢”的答案。

不过，高尔顿最终意识到自己预想的观点错了。

这个群体猜测的牛经屠宰和去毛后净重为 1197 磅，事实上这头牛的净重为 1198 磅。换句话说，这个群体的判断基本称得上完美。

在很多人的观念里，开明专制是高效的，民主决策是低效的。真的是这样吗？

高尔顿在《自然》（Nature）杂志发表的一篇文章中提出了一个更有趣的解释。

一共有800个人想碰碰运气，这些人来自各行各业。其中有许多人还是屠户和农民，他们堪称判断牛的体重的行家里手。不过，也有一些人似乎不擅此道。

“许多外行也想和屠户那样的内行一争高下，”高尔顿后来在《自然》杂志上刊登的一篇文章中写道，“那些对马缺乏真正了解的职员和其他人，都只是在报纸、朋友和自己想象力的指引下才争相下注的。”

高尔顿认为，这好比一个民主决策制度，能力和兴趣存在根本差异的人手上都握有一张选票。“普通的竞争者也许很适合对牛的净重进行评估，正如有投票权的普通人对他要投票的政治议题的利弊更有判断力一样。”

高尔顿后来写道：“群体对于民主判断的准确性要比预想的可信得多。”

这一发现非常伟大，那就是乌合之众在制度约束与激励之下也能迸发出群体的智慧，而且是更强大的智慧。在适当的环境下，群体的智力表现非常突出，且通常比团体中最聪明的人还要聪明。即使一个团体中绝大多数人都不是特别的见多识广或者富有理性，但仍然能做出一个体现出集体智慧的决定。

这个原理日后会衍生出一个行业——预言市场。

群氓的胜利

杰克·特雷诺（Jack Treynor）教授是资产定价模型发明者之一。

特雷诺说，股市大多数时候能够正确定价，不是因为市场中有人特别聪明能够发现价格，而是因为市场中人为独立地做出错误定价，这些错误定价的合力，形成了一个最为“准确”的价格。

这就好比玻璃瓶里装满巧克力豆，让一群人分别猜有多少粒，其均值往往最接近于实际值，比任何单个猜测都更准确。

杰克·特雷诺曾进行了一项持续多年的简单实验——在玻璃罐子中放满巧克力糖豆（超过目测能力的数量），然后请一群人来猜测糖豆的数量，记录并研究每个人的答案、群体的平均数与真实正确数字之间的关系。

杰克·特雷诺在课堂上用一只能装850粒豆子的瓶子做过实验，该团体估计这只瓶子能装871粒豆子，而班上56名学生中也只有一人猜测更接近于实际数字。

通过反复试验，得出两个教训。

第一，团体成员之间不能商量和交流，猜测时单打独斗，结果汇总后再取平均值。最有可能得出完美的结果。

第二，团体的猜测结果并不是每次都要好于团体中每个成员的猜测结果。特别是在做得好给予奖励的情况下，这会赋予人们积极参与的理由。但是，在这些研究中，没有迹象表明某些人始终表现得比团体出色。换句话说，在这个实验中，人群中涌现出的群体智慧超过了个体智慧。

如果通过一种机制，赋予群氓以“魂”，那么群体智慧（Crowd Intelligence）将会远远大于个体，否则就是乌合之众，一盘散沙。

蜂群由谁统治，由谁发布命令，由谁预见未来？

通过研究发现，蜂群虽然有“蜂后”，但蜂后并不是指挥者。也就是说，蜂群并不是一个中心化组织。

那么，蜂群是如何实现自我管理的呢？凯文·凯利这样描述——

当蜂群从蜂巢前面狭小的洞口涌出时，蜂后只能跟着。

蜂后的女儿负责选择蜂群应该何时何地安顿下来。五六只无名工蜂在前方侦察，核查可能安置蜂巢的树洞和墙洞。它们回来后，用约定的“舞蹈”向休息的蜂群报告。

在报告中，侦察员的“舞蹈”表现得越夸张，说明它主张筑巢的地点越好。接着，一些头目们根据“舞蹈”的强烈程度核查几个备选地点，并以加入侦察员旋转“舞蹈”的方式表示同意。这就引导更多跟风者前往占上风的候选地点视察，回来之后再加入看法一致的侦察员的喧闹“舞蹈”，表达自己的选择。

除去侦查员外，极少有蜜蜂会去探查多个地点。蜜蜂看到一条信息：“去那儿，那是个好地方。”它们去看过之后回来“舞蹈”说，“是的，真是个好地方。”通过这种重复强调，所属意的地点吸引了更多的探访者，由此又有更多的探访者加入进来。按照收益递增的法则，得票越多，反对越少。渐渐地，以滚雪球的方式形成一个大的“群舞”，成为舞曲终章的主宰，最大的蜂群获胜。

蜂群的这种民主的管理方式非常高明。凯文·凯利说，这是一个白痴的选举大厅，由白痴选举白痴，其产生的效果却极为惊人。这是民主制度的真髓，是彻底的分布式管理。

研究过蚂蚁觅食过程的人，都会惊叹于蚁群的智慧，每个蚂蚁单独行动搜集食物信息，再汇集到一起不断调整路径，直到形成一条最优路径，但是在这个过程中没有任何的中央控制。

人类，万物之灵长，难道还不如蜂群效率高。人群真的不如蜂群吗？非也。

有人做了这样几个实验，请来将近5000人对半开坐在一个大的剧场里，每个人手上都有一个传感器，大荧幕上投放一个乒乓球的游戏，2500人为一组，共同控制一个球拍，双方打乒乓球。人们发现球拍有的时候会按照你的个人意志行动，但有的时候不会，人们很快适应了这种玩法。这5000人进行了一场欢乐的乒乓球赛。实验者接着把难度调高，让5000人共同驾驶一架虚拟飞机，每个人都有权决定飞机的飞行轨迹和方向。但是这时，群体智慧在飞机降落的时候似乎变成了不利因素，飞机几次降落都无法成功，最后在一个不可思议的时刻，5000人共同指挥这架飞机玩了个360度的大转弯。

勒庞的《乌合之众》是一本写于100多年前的，缺乏科学性的偏激之书。然而，正是这样一本不够严谨的畅销书，却也反映了部分事实，比如，“群体感情的狂暴，尤其是在异质性群体中间，又会因责任感的彻底消失而强化。”又如，“群体不善推理，却急于行动。”

不妨暂时放下愤世嫉俗的抨击，让我们思考，所谓的乌合之众的缺陷在哪里，潜力又在哪里？

自古以来，缄默都是一种美德，它可以让智者更加神秘，也可以帮助愚者藏拙。

互联网的兴起，让我们进入了一个言论自由的世界，一个人人皆可成名的世界。

互联网言论市场的竞争，不是基于理性，而是基于其传染性。各种哗众取宠的、噱头的、洗脑式的言论走俏，掩埋了真正有价值的理性。

古人为了让信口雌黄者住口，发明了打赌——你错了，就要为你错误的宣传买单，否则就闭嘴。这其实也是预言市场的简单雏形。

群体智慧的涌现

一滴水，不足以形成海啸；一粒沙，不足以形成沙崩；一只蜜蜂，无法形成喧嚣的风暴。

然而，当个体数量达到一定程度，形成一个群体时，就会突变（Emergent properties）出个体没有的属性。比如成千上万条小鱼如一头巨兽游动，如同一个整体，似乎受到不可控制的共同命运的约束。

这是凯文·凯利在《失控》一书中，用“群氓的智慧”来表达的一种认识。

氓，本身是个中性词。氓，民也。群氓，也就是民众的意思。比如蜂群，就是一个由几千到数万个不等的群氓合并成的整体。

一个人，就算英才天纵也无法创造时势，但他能连接的人多了，就会被赋予了超级幸运。群氓可以创造历史，不仅仅是因为它是个超级有机体，更重要的原因是它会是智慧的集合体。

当一堆平凡事物聚集在一起的时候，就会量变到质变，涌现全新的事物和现象。

比如蜜蜂，单只蜜蜂的智商并不高，但是它们一旦组成了蜂群，却不可思议地体现出了极高的智能水平，这就是所谓的“涌现”效应。

“胴体大猜想”的案例显示了“群体智慧效应”的涌现。但一直以来这个概念都饱受争议，因为它似乎违背了关于从有限信息中得出洞察力的一些基本原则。

然而，质疑者不得不正视另一个现实，即越来越多的证据表明群体智慧确实有效，如预测市场的成功，其影响力之大甚至令高尔顿都颇为震惊。

预测市场

人生是由一系列的选择构成。

人这一辈子，大约要做 2000000 次选择。向左走，还是向右走？买安卓手机还是苹果手机？股票抛还是不抛？独身还是结婚？和谁结婚？

一家公司也一样，哪款产品会畅销？定价多少合适？最关键的市场调研，基本都是在做选择。

· 预测市场，其实是一种抉择机器

最早的预测市场，是 1988 年爱荷华大学商学院经营的爱荷华电子市场（IEM）。在该市场中，参与者可以投入一定数量的金钱，交易标的是未来事件的结果，如谁将当选下一任美国总统。IEM 由旨在预测选举结果的许多市场构成：总统选举、国会选举、地方行政长官选举和外国选举。

IEM 向任何想参与的人开放，基于参与者认为一位特定的候选人在即将开始的选举中会怎么做而允许他们买卖“期约”（Contact）。

在 IEM 提供许多不同种类期约时，有两点是共同的。

其一是旨在预测选举获胜者。其二就是预测一位候选人获得的赞成票占全部票数的百分比。IEM在1988年6月1日开张时，近200位学生与教职员在互联网尚未发明的时代，借助原始工具购买老布什、杜卡基斯和其他候选人的期约。其原理与艾奥瓦州的猪农买卖猪肉的期约并无二致。从1988至2004年间预测总统大选的表现看，IEM预测有74%比民调更接近结果。

你为这种期约付出的代价反映出市场对候选人获胜概率的判断。如果候选人期约价值50美分，那大体上说，这意味着市场认为他有50%的获胜概率。如果这份期约价值80美分，那么他获胜的概率就为80%。以此类推。

该预测市场自从建立以来非常准确地预测了每次美国总统选举的结果，其预测的准确度要远高于最流行的民意测验，也远好于政治评论专家的预测。

预测市场通过市场化规则，将大众知识和直觉经验转化为具有社会学意义的群体智慧。预测市场的预测效果不亚于传统专家预测及民意调查等方式。

2014年，爱荷华大学的两名研究人员发表的一项分析报告中指出，75%的时间里，IEM的预测结果比传统民意调查的结果更准确，由IEM股价预测美国候选人的误差仅为 1% 左右。

IEM 的成功，引发了人们在其他领域进行试验的兴趣。20 世纪 90 年代出现了很多基于金融盈利需求的预测市场项目。比如好莱坞证券交易所（Hollywood Stock Exchange，HSX），人们开始对票房收入、周末票房表现和奥斯卡奖等下赌注。HSX 的票房预测不如 IEM 对选举结果预测得那样精确。需要指出的是，IEM 是用真金白银打赌，投资数额是 500 美元封顶，而人们的平均投注额为 50 美元。但 HSX 则完全用虚拟资金投注。好莱坞证券交易所是一个关于专门针对电影票房的预言市场。你可以运用专业知识，就某位演员、新电影和有奥斯卡奖潜力的电影做出相应的股票买卖。HSX 的预测不只限于金钱和荣誉方面，还能为好莱坞的高管提供决策参考。有个著名的例子，HSX 呈现出的集体智慧发现了一部预算仅 35000 美元的恐怖片的票房潜力。这部电影是在华盛顿郊外森林地带拍摄的。这一类恐怖片，若由好莱坞制作，轻易可以花出一个亿，这部电影仅用掉 35000 美元，许多电影公司高管对此嗤之以鼻——这部电影就是《女巫布莱尔》。有一家电影公司通过 HSX 的预测，认为可以赚钱，于是决定花 10 万美元买下这部“伪纪录片”，这让拍摄这部影片的两位大学生导演也大吃一惊。事后证明，这个决策是正确的，该片上映后赚了2.5亿美元。

“必发”（Betfair）是一家来自英国的互联网博彩公司，而不是传统博彩公司的互联网平台。Betfair的故事可以被很多正在和试图要改变一个行业赚钱模式的互联网公司所借鉴。它不是把传统的线下博彩搬到了线上，而是利用网络和IT技术把博彩业的“做市商”盈利模式转变为了撮合交易的“交易商”盈利模式。在Betfair的博彩交易所中，群体智慧也能发挥作用。在此类博彩交易中，持对立意见的人数相当，其中一方所赢得的数额就是另一方输掉的赌注。交易所会在这场赌博的收益中提取一部分资金作为服务佣金。赌客会被吸引是因为他们认为这比赌马获胜的概率要高。要知道，赌马的成本很高，但赢的概率却很小。同样，研究表明，结合了群体智慧的最终交易，其获胜概率可靠得出奇：群体认可的事件，其胜出的概率值得重视；也就是说，机会均等的情况的确存在，这时赢的机会约占50%。这种概率准确性的增加实际上使得赌徒更加难以成功。

离经叛道，却非常有效

群体智慧的洞察力确实可靠，哪怕是在涉及多种互动因素的复杂情况下。而这一点，即便是那些碰到古老课题，如准时完成项目、控制工程成本等挑战的人也能明白。

预测市场法那么好，但并非人人都在用，这是为什么呢？原因很复杂，大致包括了理性和非理性方面。英国莫里民意调查公司创始人罗伯特·伍斯特爵士在2001年时，毫不客气地将预测市场称为“蛊惑人心的民意调查”。他指出，预测市场明显违反抽样理论的基本原则，理由有两点：

第一，并非随机抽样。参与者具有一个共同特点，就是有信心拿金钱或名誉去冒险。

第二，样本容量太小。传统理论并不认为只有几十名“交易者”参与预测市场就能得出可靠结论。

预测市场这种方法与传统统计理论相悖，却依然能够行得通，这到底为什么？

民意调查专家根据实践经验指出，那些理论上行得通的方法，在实践中却未必有效。

比如你设计了一份完美的调查问卷，但你要问询的却是善于矫饰的人类，被调查者往往会口是心非。

你面对一个每天都要说一些无伤大雅谎言的人，很难问出真正的答案。

· 预测市场，一个很有价值的决策工具

人群不但能涌现出智慧，还能涌现出愚蠢。

人群效率有时候还不如蜂群，智慧无法叠加的关键原因在于，人群中总是充满了不需要负责、自以为是、信口雌黄之辈。

比如说，曾有些财经界的网红，有些会一直预言房价将要暴跌，有些则一直预言股市将会涨。这样的预言会误导很多人。

如果有一种“预测市场”，你可以看空或看多，但必须押一笔钱来打赌，预测错了，钱要奖励给赢家，那么那些所谓的“预言家”应该会更谨慎发言了吧？

现在很多专家，因为喜欢出惊人之语，就算说错了，甚至误导了高层决策，最后也不会受到惩罚。如果能让胡诌者“纳税”，“专家”就不敢夸夸其谈，人们就会真正学会思考，就算乌合之众也可以涌现出奇迹。

要想激发个体智慧与行动，就必须建立激励与惩罚机制。因此，要设计出一个好的互动系统，就必须研究人们对社会报偿的需求，并给予充分的满足。

詹姆斯·索罗维基在其畅销的作品《群体智慧》中把群体智慧理解为：一个由独立的个体所组成的大群体能够做出好的预测，并且能够比群体中最聪明的个体更加聪明。

群众的智慧是无穷的。群体智慧的巨大潜能，也推动了预测市场（Prediction Market）的发展。

预测市场说白了就是打赌市场，但它不同于赌博。它相当于为自己选择了一只股票，说对了，会有奖励，说错了会有罚金。赌博讲究买定离手，但预测市场和股市一样，你觉得买错了，可以抛掉手里这一只股票，转而选择“对手盘”那一只。

对于试图为前期规划寻找思路的管理层来说，它是一个很好的决策工具。它是不同于焦点小组访谈、问卷调查的预测手段。

随着区块链技术的发展，已经出现了一种类似于“预测市场”的区块链项目。这种项目存在的意义在于，通过打赌这一小小的举措，让人们为自己的预测负责，从而释放群体智慧。

但是，为什么很多公司的头脑风暴会失败呢？因为这种交流太廉价，在不付出成本的情况下，人群之间的交流会被相互干扰。

比如某乙崇拜某甲，就算明知某甲的意见不妥，也会随声附和。又或者某“意见领袖”气场强大，又相互故作惊人之语，很容易对其他人“洗脑”。

多样性是涌现群体智慧的前提

我们来看一个例子：

在一次面向300名美国家庭主妇的电话民意调查中，60%的主妇支持美国总统。

你对这句话有什么印象？

如何用三个词总结这句话？很多人肯定会说：主妇支持总统。

这其实是一个“真实的谎言”。且不说电话民意调查的形式有什么问题，但只选择了300个美国家庭妇女，就能代表全美国？统计样本太小了吧！

但很多人一见统计数字就很容易被说服，因为很多人本能地认为，统计学是科学，却不知道统计数字会撒谎。

一些研究人员很想知道，群体智慧效应是否得益于其组成群体的个体特质。这个想法很激进，相当于在说，如果将很多颜色的球放在一个盒子里，你就能更准确地猜到里面有哪些颜色。同时，这个想法对于如何才能更好地做出集体决策也有意义。但真是这样吗？

多样性在复杂性科学中是一个非常重要的概念。“遗传算法之父”约翰·霍兰就曾认为，任何的复杂适应系统都必须拥有多样性。

斯科特·佩奇既是密歇根大学复杂性研究中心掌门人，他以对社会科学的多样性和复杂性的研究和建模闻名。佩奇在研究这个模型时，得到了一个反直觉的发现：多样性优于能力。

心理学、管理学、生态学和计算机科学等众多领域的研究显示，在解决问题时，内部成员的各项条件过于统一未必是件好事。麻烦不在于个性冲突或者群体中产生了太多内耗，真正作祟的其实是狭隘的心理。

2004年，斯科特·佩奇在密歇根大学进行的一项研究显示，面对难题时，由聪明能干的人组成的小组，其表现还不如由能力参差不齐的人组成的小组，这一观点与群体智慧效应不谋而合。

研究发现，预测市场的可靠性取决于参与者的个体特性，尽管他们的技术水平会起到一定作用，但成员的多元化才是最关键的因素。

成员多元化也许会拉低群体的专业水平，但实践证明，这是一种物有所值的代价。预测市场里专家们的知识结构和技能水平相当，他们的见解往往相同或相互关联。因此引入更多专家，只会将这种偏见放大，成为群体性错误。

谷歌公司曾经大量运用内部预测平台进行试验，以评估新产品获得成功的概率。谷歌在自己的内网上使用了一种名为 gooble 的代币，员工可以对各种不同结果下注。为了鼓励员工参与，谷歌会给预测最准确的员工发放一笔奖金或 T 恤衫等作为奖品。谷歌通过这类试验，意外发现了一条规律，那就是工位毗邻的员工倾向于做出非常相似的预测。

相较而言，标新立异者的见解往往各不相同，即便呈现偏见也往往不会影响大局，自然也不会酿成最终的群体性偏见。

研究表明，即使参与者中有人是非常业余的门外汉，集体智慧的洞见也能从中受益。在研究过程中，专家还证实了参考局外人意见的重要意义——用企业管理中常说的话就是“跳出固有的思维模式”。同时，它还揭示了为什么有些团体规模小得甚至够不上“群体”这个称号，却依然能产生群体智慧。

普林斯顿大学生态与进化生物学家伊恩·库赞通过实

验证明，群体智慧能否产生取决于各成员意见的相关性。这项研究集中于群体想法产生的根源。研究指出，如果群体智慧的来源广泛，它们就会在参与决策的人群中创建相关性。如果这些来源可靠，还不至于带来什么恶果；但如果这些来源本身就不可靠，那么在依靠此类来源做出决策时，决策者很容易被误导，而群体智慧的可靠性也大幅减弱。

平均而言，如果一个群体内的观点和见解更加多样化，那么群体智慧就不会轻易被某种错误的一致性观点所破坏。然而，这样的侥幸心理存在明显的局限性，特别是当一群人中只有一个人在表达意见时，就十分危险。在这种情况下，一个人的意见会被包装成群体智慧。

讽刺的是，一些群体中的个体判断往往被人所敬畏。的确，他们通常被冠以令人望而生畏的“大师”称号。当然，我们并不是说大师的话永远不可信。新的研究已经表明，即便是我们这样永远称不上大师的凡夫俗子，也能作出更好的决策。

一个人也能产生群体智慧

聚合群体智慧的预测结果更可靠，有时也不是真的需要一群人，才能收割群体智慧的红利。

有时候，我们要自己一个人就是一个团队，我们可以模拟群体的思维方式，凭借一己之力产生群体智慧。

自举法（Bootstrap）是非参数统计中一种重要的估计统计量方差进而进行区间估计的统计方法，即在1个容量为n的原始样本中重复抽取一系列容量也是n的随机样本，保证每次抽样中每一样本观察值被抽取的概率都是$1/n$。在对模型参数进行显著性检验时，采取充分利用样本信息的自举法，发挥其在小样本或中等样本下可提供较传统策略更精确、可靠的检验的优势。

科学家想出了一种能让个体产生集体智慧的方法——辩证自举法。听起来玄之又玄，但它操作起来没有听起来那么复杂。

首先，拿出你用任何方法得出的初步估计，并记下来。

现在，想象一下，假设有人告诉你它是错的，然后仔细思考你可能在哪个环节出了错，哪些假设可能并不准确？如果修改一下，会产生什么影响？会导致预测结果更好还是更坏？

接着，你要根据新想法得出另一个结果预测。研究发现，把这两个预测结果取平均值，往往比单独预测更接近真实答案。

有关群体智慧的许多问题依然有待进一步研究。例如，作不同决策时，最优的群体规模是多少；群体中人格类型对群体智慧起到什么作用，给参与者反馈能产生什么好处……但有一件事显而易见：即便是质疑群体智慧的人，也不敢再说群体智慧纯属扯淡。

尽管群体智慧现已得到具体证明，且此类证据日益增多，但缺乏证据和理论从来都不是质疑者怀疑群体智慧的真正原因。很多人之所以出于本能地不信任，是因为他们认为一群“乌合之众”永远做不出什么明智决策。

的确，群体智慧的运行规则与许多我们熟悉的理论和常识相悖。与从盒子中抽取彩色球不同，从大规模群体得出的结论并不一定比小规模群体得出的结论靠谱。专业知识的重要性似乎也没那么重要了，因为实践证明，增加更多标新立异者比增加“权威人士”更能产生卓越的群体智慧。

从建设项目到外交政策都离不开群体智慧的指引，我们是否会在不久的将来，看到一场预测领域兴起的革命？也许吧，但有一件事确认无疑：我们似乎没必要向身边的大师咨询意见了。

当面对一些看似不言自明的预测时，不要轻信任何人“理直气壮”的言论，不管这个人多么专业。相反，建立一个预测市场，由此产生的群体智慧将比任何所谓的“大师”之见更加可靠。

这种智力，可以称之为“群体的智慧”，在这个世界上以许多种不同的形式在发挥作用。这就是通过互联网搜索引擎 Google 能浏览多达数十亿个网页，却能准确发现那个包含自己希望查找的信息的网页的原因。

群体的智慧能够说明为什么有的公司攻无不克，而有的公司却常常泥足深陷的原因。群体的智慧有助于解释为什么你凌晨两点去便利店买牛奶时，那正好有一箱牛奶在静候你的到来，甚至还会告诉我们为什么要纳税及资助少年足球训练的原因。对于有益于社会的科学而言，这是必不可少的。对造成各个公司经营方式之间的根本差异，群体智慧也具有潜在的影响。

我们想当然地认为解决问题或者做出好决策的关键，在于发现一位掌握答案的合适人选。如此一来，当群体中那些并不聪明的人，做出令人刮目相看的成绩时，譬如，准确预测出赛马的结果，我们更有可能将他们的成功归因于这个群体里有几位很聪明的人，而不是这个群体本身。

这是一种不符合实际的判断。

区块链 + 预测市场

罗宾·汉森（Robin Hanson）是一位经济学教授，他被称为“现代预测市场之父”。汉森认为预测市场可以扩展我们的信息渠道。

自1988年以来，汉森开创了预测市场，又称信息市场或概念期货。预测市场这个概念的形成，部分是受当时流行的金融学理论“有效市场假设”的启发。

汉森的预测市场这项学术成果，并不是以经济学家们熟悉的论文或著作形式呈现的，而是一项从1988年就开始的实验，至今已有30年历史。这个名为“预测市场”的实验项目通过博彩的形式，引导网民对将要发生的事情进行预测。由于社会行为往往是自我实现的，因此通过加总这些预测行为，就可以在一定程度上达到预言未来的效果。

现在，已经有一些预测市场的区块链平台。

比如说，你要预测希拉里和特朗普谁能当选总统，预测市场区块链平台会发行两种代币，一种叫“希拉里币”，一种叫“特朗普币”。你看好谁，就购买哪种代币。

预测市场是对股市的临摹，一方面，购买会拉动币价，对于某些标的物，这本身就是一种干扰。某位选民，原先就在特朗普和希拉里之间犹豫不决，一看希拉里币的价位高涨，觉得她人气高，很可能就顺手投给了希拉里；另一方面，如果某人掌握一些内幕信息，他一定会利用信息优势在预测市场上牟利。当然，你也可以说这是“借助群体智慧”，利用这个市场化的平台，所有人等于是共同分享了内幕信息。

预测市场可以吸引受众而主动获取信息，通过交易分享信息，并将这些信息汇总为能够吸引更多受众的共识价格，因此预测市场也就成了理想的信息渠道。

预测市场的稳定发展离不开坚实的理论基础。作为计算机科学、管理科学、社会科学和心理学等交叉学科的新兴产物，其实践直接来源于经济金融理论，主要包括哈耶克理论、金融有效市场假说（EMH）、实验经济学理论和理性预期理论。

作为最先论述在市场无数投资环境下运用决策可能性的人士之一，汉森建议预测市场可以用于指导科学研究，甚至作为一种帮助政府作选择采取的政策工具。

2008年，美国乔治梅森大学授予汉森经济学终身教授的职位。得益于该教职所享有的自由研究时间，汉森的研究兴趣十分广泛，他发表的论文话题包括空间产品竞争、健康激励合同、团体保险、产品禁令、进化心理学与卫生保健伦理学、选民信息激励政策、贝叶斯分类、赞同与反对、分歧中的自我欺骗、概率启发、可逆计算、长期经济增长、机器智能带来的增长等。

最后，引用一段统计学大师拉奥的话来作为本书结尾：

一切的知识，归根结底都是历史。

一切的科学，抽象看来都是数学。

一切的判断，寻根问底都是统计学。